不受人惑

胡适谈人生问题

胡适 著

克川 选编

当代中国出版社
Contemporary China Publishing House

图书在版编目(CIP)数据

不受人惑：胡适谈人生问题/胡适著；克川选编. —北京：当代中国出版社，2013.1 (2014.4 重印)
ISBN 978-7-5154-0187-4

Ⅰ. ①不… Ⅱ. ①胡… ②克… Ⅲ. ①胡适(1891~1962)—人生哲学 Ⅳ. ①B821

中国版本图书馆 CIP 数据核字(2012)第 271163 号

出 版 人　周五一
策划编辑　克　川
责任编辑　张　永
责任校对　康　莹
装帧设计　古　手
出版发行　当代中国出版社
地　　址　北京市地安门西大街旌勇里 8 号
网　　址　http://www.ddzg.net　邮箱:ddzgcbs@sina.com
邮政编码　100009
编 辑 部　(010)66572154　66572264　66572132
市 场 部　(010)66572281 或 66572155/56/57/58/59 转
印　　刷　北京润田金辉印刷有限公司
开　　本　680×1020 毫米　1/16
印　　张　11.75 印张　2 插页　129 千字
版　　次　2013 年 1 月第 1 版
印　　次　2014 年 4 月第 2 次印刷
定　　价　26.00 元

出版说明

胡适是中国现代史上著名的思想家、学问家、政治家、社会活动家，在五四新文化运动中，他与陈独秀、鲁迅等并称新文化运动的主将，其思想和学说在中国现代思想界、文化界都产生过非常大的影响。

长期以来，在中国大陆，公众对胡适的思想观点及其在中国现代史上的意义缺乏了解。随着改革开放，思想界、学术界对胡适思想的介绍和研究日益深入，对他在中国近现代思想史上的作用和地位有了较为客观公正的评价。

为了帮助一般读者了解胡适，我们取材公开出版的胡适著作，编选了这个书系。在编选过程中，遵循以下原则：

一、选取能够代表胡适思想主张并适合大众（主要是青少年读者和其他中等文化以上的读者）阅读的文章。

二、对选取的文章内容，尽量不做删改，保持原汁原味。

在编选过程中，编者主要做了以下工作：

一、为了更加切合书稿主题，重新拟定了个别文章的题目，以使论题更加突出。

二、为了增加读者阅读兴趣，每篇文章选取一段精彩文字，置于该文篇首。

三、为了方便读者阅读，在不影响语意的前提下，对文章中的异体字，按照现今通行规范予以统一。

四、为了帮助读者理解书稿，增加了注释。出注的范围是：文章背景介绍，明显与现今通行译法有差异的外国人名，一般读者难以理解的方言俗语。由于现代互联网非常发达，对于一些在互联网上很容易查到的人物，不一一注出。

由于编者的水平所限，选取的篇目和撰写的注释难免会有不准确的地方，敬请方家指正。

当代中国出版社编辑部

目 录

人生问题*

我今天讲的话，诸位也许有人不注意，也许有人认为没道理，也许说胡适之胡说，是瞎说八道，也许有人因我的话回去看看书，也许竟一生受此影响。

一九〇三年，我只有十二岁，那年十二月十七日，有美国的莱特弟兄作第一次飞机试验，用很简单的机器试验成功，因此美国定十二月十七日为飞行节。十二月十七日正是我的生日，我觉得我同飞行有前世因缘。我在前十多年，曾在广西飞行过十二天，那时我作了一首“飞行小赞”，这算是关于飞行的很早的一首词。诸位飞过大西洋，太平洋，我在民国三十年，在美国也飞过四万英里，这表示我同诸位不算很隔阂。今天大家要我讲人生问题，这是诸位出的题目，我来交卷。这是很大的问题，让我先下定义，但是定义不是我的，而是思想界老前辈吴稚晖①的。他说：人为万物之灵，怎么

---

* 本文系胡适1948年8月12日在北平空军司令部的一篇讲演。载同年8月13日北平《世界日报》。录自《胡适全集》第22卷，安徽教育出版社2003年版。

① 吴稚晖（1865—1953），中国近代资产阶级思想家、政治家、教育家。早年信奉无政府主义，后追随国民党，积极反共。其文化、教育、政治等思想在中国近现代史上曾有过较大影响。

讲呢？第一，人能够用两只手做东西。第二，人的脑部比一切动物的都大，不但比哺乳动物大，并且比人的老祖宗猿猴的还要大。有这能做东西的两手和比一切动物都大的脑部，所以说人为万物之灵。人生是什么？即是人在戏台上演戏，在唱戏。看戏有各种看法，即对人生的看法叫做人生观。但人生有什么意义呢？怎样算好戏？怎样算坏戏？我常想：人生意义就在我们怎样看人生。意义的大小浅深，全在我们怎样去用两手和脑部。人生很短，上寿不过百年，完全可用手脑做事的时候，不过几十年。有人说，人生是梦，是很短的梦。有人说，人生不过是肥皂泡。其实，就是最悲观的说法，也证实我上面所说人生的有没有意义全看我们对人生的看法。就算他是做梦吧，也要做一个热闹的，轰轰烈烈的好梦，不要做悲观的梦。既然辛辛苦苦的上台，就要好好的唱个好戏，唱个像样子的戏，不要跑龙套。人生不是单独的，人是社会的动物，他能看见和想象他所看不到的东西，他有能看到上至数百万年下至子孙百代的能力。无论是过去，现在，或将来，人都逃不了人与人的关系。比如这一杯茶（讲演桌上放着一杯玻璃杯盛的茶）就包括多少人的贡献，这些人虽然看不见，但从种茶，挑选，用自来水，自来水又包括电力等等，这有多少人的贡献，这就可以看出社会的意义。我们的一举一动，也都有社会的意义，譬如我随便往地上吐口痰，经太阳晒干，风一吹起，如果我有痨病，风可以把病菌带给几个人到无数人。我今天讲的话，诸位也许有人不注意，也许有人认为没道理，也许说胡适之胡说，是瞎说八道，也许有人因我的话回去看看书，也许竟一生受此影响。一句话，一句格言，都能影响人。我举一个极端的例子，两千五百年前，离尼泊尔不远地方，路上有一个乞丐死了，尸首正在腐烂。这时走来一位年轻的少爷叫 Gotama，后来就是释迦牟尼佛，这位少爷是生长于深宫中不知穷苦的，他一看到尸首，问这是什么？人说这是死。他说：噢！原来死是这样子，我们都不能不死吗？这位贵族少爷就回去想这问题，后来跑到森林中去想，想了几年，出来宣传他的学说，就是所谓佛学。这尸身腐烂一件事，就有这么大的影响。飞机在莱特兄弟做试验时，是极简单的东西，经四十年的工夫，多少人聪明才智，才发展到今天。我们一举一动，一言一行，一点行为都可以有永远不能磨灭的影响。几年来的战争，都是由希特勒的一本《我的奋斗》闯的祸，这一本书害了多少人？反过来说，一句好话，也可以影响无数人，我讲一个故事：民国元年，有一个英国人到我们学堂讲话，讲的内容很荒谬，但他的 O 字的发音，同普通人不一样，是尖声的，这也影响到我的 O 字发音，许多我的学生又受到我的影响。在四十年前，有一天我到一外国人家去，出来时鞋带掉了，那外国人提醒了我，并告诉我系鞋带时，把结头底下转一弯就不会掉了，我记住了这句话，并又告诉许多人，如今这外国人是死了，但他这句话已发生不可磨灭的影响。总而言之，从顶小的事情到顶大的像政治经济宗教等等，我们的一举一动都有不可磨灭的影响，尽管看不见，影响还是有。在孔夫子小时，有一位鲁国人说：人生有三不朽，即立德，立功，立言。立德就是最伟大的人格，像耶稣孔子等。立功就是对社会有贡献。立言包括思想和文学，最伟大的思想和文学都是不朽的。但我们不要把这句话看得贵族化，要看得平民化，比如皮鞋打结不散，吐痰，O 的发音，都是不朽的。就是说：不但好的东西不朽，坏的东西也不朽，善不朽，恶亦不朽。一句好话可以影响无数人，一句坏话可以害死无数人。这就给我们一个人生标准，消极的我们不要害人，要懂得自己行为。积极的要使这社会增加一点好处，总要叫人家得我一点好处。再回来说，人生就算是做梦，也要做一个像样子的梦。宋朝的政治家王安石有一首诗，题目是“梦”。说：“知世如梦无所求，无所求心普定寂，还似梦中随梦境，成就河沙梦功德。”不要丢掉这梦，要好好去做！即算是唱戏，也要好好去唱。

一个困扰人的问题*

我这几年来，差不多没有一天不问自己道：人生在世，究竟是为什么的？我想了几年，越想越想不通。

小山，你是学哲学的人。像我这样养老婆，喂小孩子，就算做了一世的人吗？

我到北京不到两个月。这一天我在中央公园里吃冰，几位同来的朋友先散了；我独自坐着，翻开几张报纸看看，只见满纸都是讨伐西南和召集新国会的话。我懒得看那些疯话，丢开报纸，抬起头来，看见前面来了一男一女，男的抱着一个小孩子，女的手里牵着一个三四岁的孩子。我觉得那男的好生面善，仔细打量他，见他穿一件很旧的官纱长衫，面上很有老态，背脊微有点弯，因为抱着孩子，更显出曲背的样子。他看见我，也仔细打量。我不敢招呼，他们就过去了。走过去几步，他把小孩子交给那女的，他重又回来，问我道，“你不是小山吗？”我说，“正是。你不是朱子平吗？我几乎不敢认你了！”他说，“我是子平，我们八九年不见，你还是壮年，我竟成了老人了，怪不得你不敢招呼我。”

我招呼他坐下，他不肯坐，说他一家人都在后面坐久了，要回

* 本文原题为《一个问题》，载 1919 年 7 月 20 日《每周评论》第 31 号。录自《胡适全集》第 1 卷，安徽教育出版社 2003 年版。现题为本书编者所加。

去预备晚饭了。我说，“你现在是儿女满前的福人了。怪不得要自称老人了。”他叹口气，说，“你看我狼狈到这个样子，还要取笑我？我上个月见着伯安、仲实弟兄们，才知道你今年回国。你是学哲学的人，我有个问题要来请教你。我问过多少人，他们都说我有神经病，不大理会我。你把住址告诉我，我明天来看你。今天来不及谈了。”

我把住址告诉了他，他匆匆的赶上他的妻子，接过小孩子，一同出去了。

我望着他们出去，心里想道：朱子平当初在我们同学里面，要算一个很有豪气的人，怎么现在弄得这样潦倒？看他见了一个多年不见的老同学，一开口就有什么问题请教，怪不得人说他有神经病。但不知他因为潦倒了才有神经病呢？还是因为有了神经病所以潦倒呢？……

第二天一大早，他果然来了。他比我只大得一岁，今年三十岁。但是他头上已有许多白发了。外面人看来，他至少要比我大十几岁。

他还没有坐定，就说：“小山，我要请教你一个问题。”

我问他什么问题，他说，“我这几年以来，差不多没有一天不问自己道：人生在世，究竟是为什么的？我想了几年，越想越想不通。朋友之中也没有人能回答这个问题。起先他们给我一个‘哲学家’的绰号，后来他们竟叫我做朱疯子了！小山，你是见多识广的人，请你告诉我，人生在世，究竟是为什么的？”

我说，“子平，这个问题是没有答案的。现在的人最怕的是有人问他这个问题。得意的人听着这个问题就要扫兴，不得意的人想着这个问题就要发狂。他们是聪明人，不愿意扫兴，更不愿意发狂，所以给你一个疯子的绰号，就算完了。——我要问你，你为什么想到这个问题上去呢？”

他说，“这话说来很长，只怕你不爱听。”

我说我最爱听。他叹了一口气，点着一根纸烟，慢慢的说。以下都是他的话。

我们离开高等学堂那一年，你到英国去了，我回到家乡，生了一场大病，足足的病了十八个月。病好了，便是辛亥革命，把我家在汉口的店业就光复掉了。家里生计渐渐困难，我不能不出来谋事。那时伯安、石生一班老同学都在北京，我写信给他们，托他们寻点事做。后来他们写信给我，说从前高等学堂的老师陈老先生答应要我去教他的孙子。我到了北京就住在陈家。陈老先生在大学堂教书，又担任女子师范的国文，一个月拿得钱很多，但是他的两个儿子都不成器，老头子气得很，发愤要教育他几个孙子成人。但是他一个人教两处书，哪有工夫教小孩子？你知道我同伯安都是他的得意学生，所以他叫我去，给我二十块钱一个月，住的房子，吃的饭，都是他的，总算他老先生的一番好意。

过了半年，他对我说，要替我做媒。说的是他一位同年的女儿，现在女子师范读书，快要毕业了。那女子我也见过一两次，人倒很朴素稳重。但是我一个月拿人家二十块钱，如何养得起家小？我把这个意思回复他，谢他的好意。老先生有点不高兴，当时也没说什么。过了几天，他请了伯安、仲实弟兄到他家，要他们劝我就这门亲事。他说，“子平的家事，我是晓得的。他家三代单传，嗣续的事不能再缓了。二十多岁的少年，哪里怕没有事做？还怕养不活老婆吗？我替他做媒的这头亲事是再好也没有的。女的今年就毕业，毕业后还可在本京蒙养院教书，我已经替他介绍好了。蒙养院的钱虽不多，也可以贴补一点家用。他再要怕不够时，我把女学堂的三十块钱让他去教。我老了，大学堂一处也够我忙了。你们看我这个媒人总可算是竭力报效了。"

伯安弟兄把这番话对我说，你想我如何能再推辞。我只好写信告诉家母。家母回信，也说了许多"三代单传，不孝有三，无后为大"的话。又说，"陈老师这番好意，你稍有人心，应该感激图报，岂可不识抬举？"

我看了信，晓得家母这几年因为我不肯娶亲，心里很不高兴，这一次不过是借题发点牢骚。我仔细一想，觉得做了中国人，老婆是不能不讨的，只好将就点罢。

我去找到伯安、仲实，说我答应订定这头亲事，但是我现在没有积蓄，须过一两年再结婚。

他们去见老先生，老先生说，"女孩子今年二十三岁了，他父亲很想早点嫁了女儿，好替他小儿子娶媳妇。你们去对子平说，叫他等女的毕业了就结婚。仪节简单一点，不费什么钱。他要用木器家具，我这里有用不着的，他可以搬去用。我们再替他邀一个公份，也就可以够用了。"

他们来对我说，我没有话可驳回，只好答应了。过了三个月，我租了一所小屋，预备成亲。老先生果然送了一些破烂家具，我自己添置了一点。伯安、石生一些人发起一个公份，送了我六十多块钱的贺仪，只够我替女家做了两套衣服，就完了。结婚的时候，我还借了好几十块钱，才勉强把婚事办了。

结婚的生活，你还不曾经过。我老实对你说，新婚的第一年，的确是很有乐趣的生活。我的内人，人极温和，她晓得我的艰苦，我们从不肯乱花一个钱。我们只用一个老妈，白天我上陈家教书，下午到女师范教书，她到蒙养院教书。晚上回家，我们自己做两样家乡小菜，吃了晚饭，闲谈一会，我改我的卷子，她陪我坐着做点针线。我有时做点文字卖给报馆，有时写到夜深才睡。她怕我身体过劳，每晚到了十二点钟，她把我的墨盒纸笔都收了去，吹灭了灯，不许我再写了。

小山，这种生活，确有一种乐趣。但是不到七八个月，我的内人就病了，呕吐得很厉害。我们猜是喜信，请医生来看，医生说八成是有喜。我连忙写信回家，好叫家母欢喜。老人家果然欢喜得很，托人写信来说了许多孕妇保重身体的法子，还做了许多小孩的衣服小帽寄来。

产期将近了。她不能上课，请了一位同学代她。我添雇了一个老妈子，还要准备许多临产的需要品。好容易生下一个男孩子来。产后内人身体不好，乳水不够，不能不雇奶妈。一家平空减少了每月十几块钱的进账，倒添上了几口人吃饭拿工钱。家庭的担负就很不容易了。

过了几个月，内人身体复原了，依旧去上课，但是记挂着小孩子，觉得很不方便。看十几块钱的面上，只得忍着心肠做去。

不料陈老先生忽然得了中风的病，一起病就不能说话，不久就死了。他那两个宝贝儿子，把老头子的一点存款都瓜分了，还要赶回家去分田产，把我的三个小学生都带回去了。

我少了二十块钱的进款，正想寻事做，忽然女学堂的校长又换了人，第二年开学时，他不曾送聘书来，我托熟人去说，他说我的议论太偏僻了，不便在女学堂教书。我生了气，也不屑再去求他了。

伯安那时做众议院的议员，在国会里颇出点风头。我托他设法。他托陈老先生的朋友把我荐到大学堂去当一个事务员，一个月拿三十块钱。

我们只好自己刻苦一点，把奶妈和那添雇的老妈子辞了。每月只吃三四次肉。有人请我吃酒，我都辞了不去，因为吃了人的，不能不回请。戏园里是四年多不曾去过了。

但是无论我们怎样节省，总是不够用。过了一年又添了一个孩子。这回我的内人自己给他奶吃，不雇奶妈了。但是自己的乳水不够，我们用开成公司的豆腐浆代他，小孩子不肯吃，不到一岁就殇掉了。内人哭的什么似的。我想起孩子之死全系因为雇不起奶妈，内人又过于省俭，不肯吃点滋养的东西，所以乳水更不够。我看见内人伤心，我心里实在难过。

后来时局一年坏似一年，我的光景也一年更紧似一年。内人因为身体不好，辍课太多，蒙养院的当局颇说嫌话，内人也有点拗性，索性辞职出来。想找别的事做，一时竟寻不着。北京这个地方，你想寻一个三百五百的阔差使，反不费力。要是你想寻二三十块钱一个月的小事，那就比登天还难。到了中交两行停止兑现的时候，我那每月三十块钱的票子更不够用了。票子的价值越缩下去，我的大孩子吃饭的本事越大起来。去年冬天，又生了一个女孩子，就是昨天你看见我抱着的。我托了伯安去见大学校长，请他加我的薪水，校长晓得我做事认真，加了我十块钱票子，共是四十块，打个七折，四七二十八，你替我算算，房租每月六块，伙食十五块，老妈工钱两块，已是二十三块钱了。剩下五块大钱，每天只派着一角六分大洋做零用钱。做衣服的钱都没有，不要说看报买书了。大学图书馆里虽然有书有报，但是我一天忙到晚，公事一完，又要赶回家来帮内人照应小孩子，哪里有工夫看报阅报？晚上我腾出一点工夫做点小说，想赚几个钱。我的内人向来不许我写过十二点钟的，于今也不来管我了。她晓得我们现在所处的境地，非寻两个外快钱不能过日子，所以只好由我写到两三点钟才睡。但是现在卖文的人多了，我又没有工夫看书，全靠绞脑子，挖心血，没有接济思想的来源，做的东西又都是百忙里偷闲潦草做的，哪里会有好东西？所以往往卖不起价钱，有时原稿退回，我又修改一点，寄给别家。前天好容易卖了一篇小说，拿着五块钱，所以昨天全家去逛中央公园，去年我们竟不曾去过。

我每天五点钟起来，——冬天六点半起来——午饭后靠着桌子偷睡半个钟头，一直忙到夜深半夜后。忙的是什么呢？我要吃饭，老婆要吃饭，还要喂小孩子吃饭，——所忙的不过为了这一件事！

我每天上大学去，从大学回来，都是步行。这就是我的体操，不但可以省钱，还可给我一点用思想的时间，使我可以想小说的布局，可以想到人生的问题。有一天，我的内人的姊夫从南边来，我想请他上一回馆子，家里恰没有钱，我去向同事借，那几个同事也都是和我不相上下的穷鬼，哪有钱借人？我空着手走回家，路上自思自想，忽然想到一个大问题，就是“人生在世，究竟是为什么的？”……我一头想，一头走，想入了迷，就站在北河沿一棵柳树下，望着水里的树影子，足足站了两个钟头。等到我醒过来走回家时，天已黑了，客人已走了半天了！

自从那一天到现在，几乎没有一天我不想到这个问题。有时候，我从睡梦里喊着“人生在世，究竟是为什么的？”

小山，你是学哲学的人。像我这样养老婆，喂小孩子，就算做了一世的人吗？……

哲学与人生*

哲学的起点是由于人生切要的问题，哲学的结果，是对于人生的适用。人生离了哲学，是无意义的人生；哲学离了人生，是想入非非的哲学。

前次承贵会邀我演讲关于佛学的问题，我因为对于佛学没有充分的研究，拿浅薄的学识来演讲这一类的问题，未免不配；所以现在讲“哲学与人生”，希望对于佛学也许可以贡献点参考。不过我所讲的有许多地方和佛家意见不合，佛学会的诸君态度很公开，大约能够容纳我的意见的！讲到“哲学与人生”，我们必先研究它的定义：什么叫哲学？什么叫人生？然后才知道它们的关系。

我们先说人生。这六月来，国内思想界，不是有玄学与科学的笔战么？国内思想界的老将吴稚晖先生，就在《太平洋》杂志上发表一篇《一个新信仰的宇宙观及人生观》。其中下了一个人生的定义。他说：“人是哺乳动物中的有二手二足用脑的动物。”人生即是这种动物所演的戏剧，这种动物在演时，就有人生；停演时就没人生。所谓人生观，就是演时对于所演之态度，譬如：有的喜唱花面，

---

* 本文系胡适1923年12月10日在上海商科大学佛学研究会的演讲，载于1923年12月《东方杂志》第20卷第23期。录自《胡适全集》第7卷，安徽教育出版社2003年版。

有的喜唱老生，有的喜唱小生，有的喜摇旗呐喊；凡此种种两脚两手在演戏的态度，就是人生观。不过单是登台演剧，红进绿出，有何意义？想到这层，就发生哲学问题。哲学的定义，我们常在各种哲学书籍上见到；不过我们尚有再找一个定义的必要。我在《中国哲学史大纲》（上卷）上所下的哲学的定义说：“哲学是研究人生切要的问题，从根本上着想，去找根本的解决。”但是根本两字意义欠明，现在略加修改，重新下了一个定义说：“哲学是研究人生切要的问题，从意义上着想，去找一个比较可普遍适用的意义。”现在举两个例来说明它：要晓得哲学的起点是由于人生切要的问题，哲学的结果，是对于人生的适用。人生离了哲学，是无意义的人生；哲学离了人生，是想入非非的哲学。现在哲学家多凭空臆说，离得人生问题太远，真是上穷碧落，愈闹愈糟！

现在且说第一个例：二千五百年前在喜马拉雅山南部有一个小国——迦叶——里，街上倒卧着一个病势垂危的老丐，当时有一个王太子经过，在别人看到，将这老丐赶开，或是毫不经意的走过去了；但是那王太子是赋有哲学的天才的人，他就想人为什么逃不出老、病、死，这三个大关头，因此他就弃了他的太子爵位、妻孥、便嬖、皇宫、财货，遁迹入山，去静想人生的意义。后来忽然在树下想到一个解决：就是将人生一切问题拿主观去看，假定一切多是空的，那么，老、病、死，就不成问题了。这种哲学的合理与否，姑不具论，但是那太子的确是研究人生切要的问题，从意义上着想去找他以为比较普遍适用的意义。

我们再举一个例，譬如我们睡到夜半醒来，听见贼来偷东西，我那就将他捉住，送县究办。假如我们没有哲性，就这么了事，再想不到“人为什么要作贼”等等的问题；或者那贼竟苦苦哀求起来，说他所以作贼的原故，因为母老，妻病，子女待哺，无处谋生，迫于不得已而为之，假如没哲性的人，对于这种吁求，也不见有甚良心上的反动。至于富于哲性的人就要问了，为什么不得已而为之？天下不得已而为之的事有多少？为什么社会没得给他做工？为什么子女这样多？为什么老、病、死？这种偷窃的行为，是由于社会的驱策，还是由于个人的堕落？为什么不给穷人偷？为什么他没有我有？他没有我有是否应该？拿这种问题，逐一推思下去，就成为哲学。由此看来，哲学是由小事放大，从意义着想而得来的，并非空说高谈能够了解的。推论到宗教哲学，政治哲学，社会哲学等，也无非多从活的人生问题推衍阐明出来的。

我们既晓得什么叫人生，什么叫哲学，而且略会看到两者的关系，现在再去看意义在人生上占的什么地位？现在一般的人饱食终日，无所用心。思想差不多是社会的奢侈品。他们看人生种种事实，和乡下人到城里未看见五光十色的电灯一样。只看到事实的表面，而不了解事实的意义。因为不能了解意义的原故，所以连事实也不能了解了。这样说来，人生对于意义极有需要，不知道意义，人生是不能了解的。宋朝朱子这班人，终日对物格物，终于找不到着落，就是不从意义上着想的原故。又如平常人看见病人种种病象，他单看见那些事实而不知道那些事实的意义，所以莫名其妙。至于这些病象一到医生眼里，就能对症下药；因为医生不单看病象，还要晓得病象的意义的原故。因此，了解人生不单靠事实，还要知道意义！

那么，意义又从何来呢？有人说：意义有两种来源：一种是从积累得来，是愚人取得意义的方法；一种是由直觉得来，是大智取得意义的方法。积累的方法，是走笨路；用直觉的方法是走捷径。据我看来，欲求意义唯一的方法，只有走笨路，就是日积日累的去做刻苦的功夫，直觉不过是熟能生巧的结果，所以直觉是积累最后的境界，而不是豁然贯通的。大发明家爱迪生有一次演说，他说，天才百分之九十九是汗，百分之一是神，可见得天才是下了番苦功才能得来，不出汗决不会出神的。所以有人应付环境觉得难，有人觉得易，就是日积日累的意义多寡而已。哲学家并不是什么，只是对于人生所得的意义多点罢了。

欲得人生的意义，自然要研究哲学史，去参考已往的死的哲理。不过还有比较更［重］要的，是注意现在的活的人生问题，这就是做人应有的态度。现在我举两个可模范的大哲学家来做我的结论，这两大哲学家一个是古代的苏格拉底，一个是现代的笛卡尔。

苏格拉底是希腊的穷人，他觉得人生醉生梦死，毫无意义，因此到公共市场，见人就盘问，想藉此得到人生的解决。有一次，他碰到一个人去打官司，他就问他，为什么要打官司？那人答道，为公理。他复问道，什么叫公理？那人便瞠目结舌不能作答。苏氏笑道：我知道我不知你，却不知道你不知呵！后来又有一个人告他的父亲不信国教，他又去盘问，那人又被问住了。因此，希腊人多恨他，告他两大罪，说他不信国教，带坏少年，政府就判他的死刑。他走出来的时候，对告他的人说："未经考察过的生活，是不值得活的。你们走你们的路，我走我的路罢！"后来他就从容就刑，为找寻人生的意义而牺牲他的生命！

笛卡尔旅行的结果，觉到在此国以为神圣的事，在他国却视为下贱；在此国以为大逆不道的事，在别国却奉为天经地义；因此他觉悟到贵贱善恶是因时因地而不同的。他以为从前积下来的许多观念知识是不可靠的，因为他们多是乘他思想幼稚的时候侵入来的。如若欲过理性生活，必得将从前积得的知识，一件一件用怀疑的态度去评估他们的价值，重新建设一个理性的是非。这怀疑的态度，就是他对于人生与哲学的贡献。

现在诸君研究佛学，也应当用怀疑的态度去找出它的意义，是否真正比较得普遍适用？诸君不要怕，真有价值的东西，决不为怀疑所毁；而能被怀疑所毁的东西，决不会真有价值。我希望诸君实行笛卡尔的怀疑态度，牢记苏格拉底所说的“未经考察过的生活，是不值得活的”这句话。那么，诸君对于明阐哲学，了解人生，不觉其难了。

人生有何意义*

人生的意义全是各人自己寻出来，造出来的：高尚，卑劣，清贵，污浊，有用，无用，……全靠自己的作为。

人生的意义不在于何以有生，而在于自己怎样生活。

一　答某君书

……我细读来书，终觉得你不免作茧自缚。你自己去寻出一个本不成问题的问题，“人生有何意义？”其实这个问题是容易解答的。人生的意义全是各人自己寻出来，造出来的：高尚，卑劣，清贵，污浊，有用，无用，……全靠自己的作为。生命本身不过是一件生物学的事实，有什么意义可说？生一个人与一只猫，一只狗，有什么分别？人生的意义不在于何以有生，而在于自己怎样生活。你若情愿把这六尺之躯葬送在白昼作梦之上，那就是你这一生的意义。你若发愤振作起来，决心去寻求生命的意义，去创造自己的生命的意义，那么，你活一日便有一日的意义，做一事便添一事的意义，生命无穷，生命的意义也无穷了。

---

* 本文由两篇短文组成，第一篇写于 1928 年 1 月 27 日，原载 1928 年 8 月 5 日《生活周刊》第 3 卷第 38 期。第二篇写于 1929 年 5 月 13 日。录自《胡适全集》第 3 卷，安徽教育出版社 2003 年版。

总之，生命本没有意义，你要能给他什么意义，他就有什么意义。与其终日冥想人生有何意义，不如试用此生做点有意义的事。……

二　为人写扇子的话

知世如梦无所求，无所求心普空寂。

还似梦中随梦境，成就河沙梦功德。

王荆公[①]小诗一首，真是有得于佛法的话。认得人生如梦，故无所求。但无所求不是无为。人生固然不过一梦，但一生只有这一场做梦的机会，岂可不努力做一个轰轰烈烈像个样子的梦？岂可糊糊涂涂懵懵懂懂混过这几十年吗？

---

① 王荆公即王安石（1021—1086），北宋杰出的政治家、思想家、文学家、改革家。因封荆国公，世人又称其为王荆公。

科学的人生观*

科学的人生观有两个意思：第一拿科学做人生观的基础；第二拿科学的态度、精神、方法，做我们生活的态度，生活的方法。

今天讲的题目，就是“科学的人生观”，研究人是什么东西？在宇宙中占据什么地位？人生究竟有何意味？因为少年人近来觉得很烦闷，自杀、颓废的都有，我比较至少多吃了几斤盐，几担米，所以来计划计划，研究自身人的问题。至于人生观，各人不同，都随环境而必变，不可以一个人的人生观去统理一切；因为公有公理，婆有婆理，我们至少要以科学的立场，去研究它，解决它。“科学的人生观”有两个意思：第一拿科学做人生观的基础；第二拿科学的态度、精神、方法，做我们生活的态度，生活的方法。

现在先讲第一点，就是人生是什么？人生是啥物事？拿科学的研究结果来讲，我在民国十二年发表了十条，这十条就是武昌有一个主教，称为新的十诫，说我是中华基督教的危险物的。十条内容如下：

---

* 本文系胡适1928年5月在苏州青年会的演讲，原载1928年6月1日、2日上海《民国日报·觉悟副刊》。录自《胡适全集》第8卷，安徽教育出版社2003年版。

一、要知道空间的大。拿天文、物理考察，得着宇宙之大；从前孙行者翻筋斗，一翻翻到南天门，一翻翻到下界，天的观念，何等的小？现在从地球到银河中间的最近的一个星，中间距离，照孙行者一秒钟翻十万八千里的速率计算，恐怕翻一万万年也翻不到，宇宙是何等的大？地球是宇宙间的沧海之一粟，九牛之一毛；我们人类，更是小，真是不成东西的东西！以前看得人的地位太重了，以为是万物之灵，同大地并行，凡是政治不良，就有彗星、地震的征象，这是错的。从前王充很能见得到，说："一个虱子不能改变那裤子里的空气，和那人类不能改变皇天一样。"所以我们眼光要大。

二、时间是无穷的长。从地质学、生物学的研究，晓得时间是无穷的长，以前开口五千年，闭口五千年，以为目空一切；不料世界太阳系的存在，有几万万年的历史，地球也有几万万年，生物至少有几千万年，人类也有二三百万年，所以五千年占很小的地位。明白了时间之长，就可以看见各种进步的演变，不是上帝一刻可以造成的。

三、宇宙间自然的行动。根据了一切科学，知道宇宙、万物都有一定不变的自然行动。"自然自己，也是如此"，就是自己自然如此，各物自己如此的行动，并没有一种背后的指示，或是一个主宰去规范它们。明白了这点，对于月蚀是月亮被天狗所吞的种种迷信，可以打破了。

四、物竞天择的原理。从生物学的知识，可以看到物竞天择的原理。鲫鱼下卵有几百万个，但是变鱼的只有几个；否则就要变成"鱼世界"了！大的吃小的，小的又吃更小的，人类都是如此。从此晓得人生不受安排，是自己如此的行动；否则要安排起来，为什么不安排一个完善的世界呢？

五、人是什么东西。从社会学、生理学、心理学方面去看，人是什么东西？吴稚晖先生说："人是两手一个大脑的动物，与其他的不同，只在程度上的区别罢了。"人类的手，与鸡、鸭的掌差不多，实是他们的弟兄辈。

六、人类是演进的。根据了人种学来看，人类是演进的；因为要应付环境，所以要慢慢的变；不变不能生存，要灭亡了。所以从下等的动物，慢慢演进到高等的动物，现在还是演进。

七、心理受因果律的支配。根据了心理学、生物学来讲，心理现状是有因果律的。思想、做梦，都受因果律的支配，是心理、生理的现象，和头痛一般；所以人的心理说是超过一切，是不对的。

八、道德、礼教的变迁。照生理学、社会学来讲，人类道德、礼教也变迁的。以前以为脚小是美观，但是现在脚小要装大了。所以道德、礼教的观念，正在改进。以二十年、二百年或二千年以前的标准，来判断二十年、二百年、二千年后的状况，是格格不相入的。

九、各物都有反应。照物理、化学来讲，物质是活的，原子分为电子，是动的。石头倘然加了化学品，就有反应，像人打了一记，就有反应一样。不同的，只在程度不同罢了。

十、人的不朽。根据一切科学知识，人是要死的，物质上的腐败，和猫死狗死一般。但是个人不朽的工作，是功德：在立德，立功，立言。善恶都是不朽。一块痰中，有微生物，这菌能散布到空间，使空气都恶化了；人的言语，也是一样。凡是功业、思想，都能传之无穷；匹夫匹妇，都有其不朽的存在。

我们要看破人世间、时间之伟大，历史的无穷，人是最小的动物，处处都在演进，要去掉那小我的主张，但是那小小的人类，居然现在对于制度、政治各种都有进步。

以前都是拿科学去答复一切，现在要用什么方法去解决人生，就是哪哼[①]生活？各人有各人的方法，但是，至少要有那科学的方法、精神、态度去做。分四点来讲：

一、怀疑。第一点是怀疑。三个弗相信的态度，人生问题就很多。有了怀疑的态度，就不会上当。以前我们幼时的知识，都从阿金、阿狗、阿毛等黄包车夫、娘姨处学来；但是现在自己要反省，问问以前的知识是否靠得住？有此态度，对于什么……主义都不致盲从了。

二、事实。我们要实事求是，现在像贴贴标语，什么打倒田中义一等，都仅务虚名，像豆腐店里生意不好，看看“对我生财”泄闷一样。又像是以前的画符，一画符病就好的思想。贴了打倒帝国主义，帝国主义就真个打倒了么？这不对，我们应做切实的工作，奋力的做去。

三、证据。怀疑以后，相信总要相信，但是相信的条件，就是拿凭据来。有了这一句，论理学诸书，都可以不读。赫胥尔的儿子死了以后，宗教家去劝他信教，但是他很坚决的说，“拿有上帝的证据来！”有了这种态度，就不会上当。

四、真理。朝夕的去求真理，不一定要成功，因为真理无穷，宇宙无穷；我们去寻求，是尽一点责任，希望在总分上，加上万万分之一，胜固是可喜，败也不足忧。明知赛跑，只有个人第一，我

---

① 哪哼，方言，怎么，怎样。

们还要跑去，不是为我为私，是为大家。发明不是为发财，是为人类。英国有一个医生，发明了一种治肺的药。但是因为自秘，就被医学会开除了。

所以科学家是为求真理。庄子虽有“吾生也有涯，而知也无涯，以有涯逐无涯，殆已”的话头，但是我们还要向上做去，得一分就是一分，一寸就是一寸，可以有亚基米特氏[①]发现浮力时叫 Eureka 的快活。有了这种精神，做人就不会失望。所以人生的意味，全靠你自己的工作；你要它圆就圆，方就方，是有意味；因为真理无穷，趣味无穷，进步快活也无穷尽。

① 亚基米特氏（Archimedes，前 287—前 212）现通译阿基米德，古希腊著名哲学家、数学家、物理学家、力学家。

工程师的人生观*

我们不崇拜自然。他是一个刁钻古怪；

我们要捶他，煮他，要叫他听我们的指派。

究竟什么算是工程师的哲学呢？什么算是工程师的人生观呢？因为时间很短，我当然不能把这个大的题目讲得满意，只是提出几点意思，给现在的工程师同将来的工程师作个参考。法国从前有一位科学家柏格生（Bergson）说："人是制器的动物。"过去有许多人说："人是有效力的动物。"也有许多人说："人是理智的动物。"而柏格生说："人是能够制造器具的动物。"这个初造器具的动物，是工程师的老祖宗。什么叫做工程师呢？工程师的作用，在能够找出自然界的利益，强迫自然世界把它的利益一个一个贡献出来；就是改造自然、征服自然、控制自然，以减除人的痛苦，增加人的幸福。这是工程师哲学的简单说法。

大家都承认：学作工程师的，每天在课堂里面上应该上的课，在试验室里面作应该作的试验，也许忽略了最大的目标，或者忽略了真

* 本文是胡适1952年12月27日参加台南工学院七周年纪念会的演说词。载同年12月28日《中央日报》。收入1953年台北华国出版社出版的《胡适言论集》甲编。选编自《胡适全集》第22卷，安徽教育出版社2003年版。

正的基本——工程师的人生观。所以这个题目，是值得我们考虑的。

昨天在工学院教授座谈会中，我说：我到了六十二岁，还不知道我专门学的什么。起初学农；以后弄弄文学、弄弄哲学、弄弄历史；现在搞《水经注》，人家说我改弄地理。也许六十五岁以后七十岁的时候，说不定要到工学院作学生；只怕工学院的先生们不愿意收一个老学徒，说“老狗教不会新把戏”。今天在工学院作学生不够资格的人，要来谈谈现在的工程师同将来的工程师的人生观，实属狂妄，就是，有点大胆。不过我觉得我这个意思，值得提出来说说。人是能够制造器具的动物，别的动物，也有能够制造东西的，譬如：蜘蛛能够制造网，蜜蜂能够制造蜜糖，珊瑚虫能够制造珊瑚岛。而我们人同这些动物之所以不同，就是蜘蛛制造网的丝，是从肚子里出来的，它肚子里有无穷无尽的丝；蜜蜂采取百花，经一番制造，作成的确比原料高明的蜜糖：这些动物，可算是工程师；但是它的范围，它用的只是它自己的本能。珊瑚虫能够做成很大的珊瑚岛，也是本能的。人，如果只靠他的本能，讲起来也是有限得很的！人与蜘蛛、蜜蜂、珊瑚虫所以不同，是在他充分运用聪明才智，揭发自然的秘密，来改造自然、征服自然、控制自然。控制自然，为的是什么呢？不是像蜘蛛制网，为的捕虫子来吃；人的控制自然，为的是要减轻人的劳苦，减除人的痛苦，增加人的幸福，使人类的生活格外的丰富，格外有意义。这是“科学与工业的文化”的哲学。我觉得柏格生这个“人”的定义，同我们刚才简单讲的工程师的哲学，工程师的人生观，工程师的目标，是值得我们随时想想，随时考虑的。

这个话同这个目标，不是外国来的东西，可以说是我们老祖宗在几百年，甚至几千年以前，就有了这种理想了。目前有些人提倡读经；我倒很愿意为工程师背几句经书，来说明这个理想。

人如何能控制自然，制造器具呢？人控制自然这个观念，无论东方的圣人贤人，西方的圣人贤人，都是同样有的。我现在提出我们古人的几句话，使大家知道工程师的哲学，并不是完全外来的洋货。我常常喜欢把《易经·系辞》里面几句话翻成外国文给外国人看。这几句话是："见乃谓之象；形乃谓之器；制而用之谓之法；利用出入，民咸用之，谓之神。"看见一个意思，叫做象；把这个意象变成一种东西——形，叫做器；大规模的制造出来，叫做法；老百姓用工程师制造出来的这些器具，都说好呀！好呀！但是不晓得这器具是从一种意象来的，所以看见工程师便叫做神。

希腊神话，说火是从天上偷来的；中国历史上发明火的燧人氏被称为古帝之一——神。火，是一个大发明。发明火的人，是一个大工程师。我刚才所举《易经·系辞》，从一个观念——意象——造成器具，这个意思，是了不得的。人类历史上所谓文化的进步，完全在制造器具的进步。文化的时代，是照工程师的成绩划分的。人类第一发明是火；大体说来，火的发现是文化的开始。下去为石器时代。无论旧石器时代，新石器时代，都是人类用智慧把石头造成功器具的时候。再下去为青铜器时代。用铜制造器具，这是工程师最大的贡献。再下去为铁的时代。这是一个大的革命。后来把铁炼成钢。再下去发明蒸汽机，为蒸汽机时代。再下去运用电力，为电力的时代；现在为原子能时代：这都是制器的大进步。每一个大时代，都只是制器的原料与动力的大革命。从发明火以后，石器时代、铜器时代、铁器时代、电力时代、原子能时代；这些文化的阶段，都是依工程师所创造划分的。

这种理想，中国历史上早就有了的。工学院水工试验室要我写字，我写了两句话。这两句话，是《荀子·天论》篇里面的。《荀子·天论》篇，是中国古代了不得的哲学，也就是西方柏格生征服自然，以为人用的思想。《荀子·天论》篇说："从天而颂之，孰与制天命而用之？大天而思之，孰与物蓄而制裁之？"这个文字，依照清代学者校勘，稍须改动。但意思没有改动。"从天而颂之"，是说服从自然。"从天而颂之，孰与制天命而用之？"两句话联起来说，意思是：跟着自然走而歌颂，不如控制自然来用。"大天而思之"，是问自然是怎样来的。"大天而思之，孰与物蓄而制裁之？"是说：问自然从哪里来的，不如把自然看成一种东西，养它、制裁它。把自然控制来用，中国思想史上只有荀子才说得这样彻底。从这两句话，也可以看出中国在两千二三百年前，就有控制天命——古人所谓天命，就是自然——把天命看作一种东西来用的思想。

"穷理致知"四个字，是代表七八百年前——十一世纪到十二世纪——宋朝的思想的。宋代程子、朱子提倡格物——穷理——的哲学。什么叫做"格物"呢？这有七十几种说法。今天我们不去研究这些说法。照程子、朱子的解释，"格物"是"即物而穷其理。……即凡天下之物，莫不因其已知之理而益穷之，以求至乎其极。"这样的格物致知，可以扩大人的智识。程子说，"今天格一物，明天格一物，习而久之，自然贯通"。有人以范围问他；他说，"上自天地之高大，下至一草一木，都要格的"。这个范围，就是科学的范围，工程师的范围。

两千二三百年前，荀子就有"制天命而用之"的思想；七八百年前，程子、朱子就有格物——穷理——的哲学。这是科学的哲学，可算是工程师的哲学。我们老祖宗有这样好的思想、哲学，为什么不能作到科学工业的文化呢？简单一句话，我们不幸得很，二千五百年以前的时候，已经走上了自然主义的哲学一条路了。像《老子》、《庄子》，以及更后的《淮南子》，都是代表自然主义思想的。这种自然主义的哲学发达的太早，而自然科学与工业发达的太迟：这是中国思想史的大缺点。

刚才讲的，人是用智慧制造器具的动物。这样，人就要天天同自然界接触，天天动手动脚的，抓住实物，把实物来玩，或者打碎它、煮它、烧它。玩来玩去，就可以发现新的东西，走上科学工业的一条路。比方“豆腐”，就是把豆子磨细，用其他的东西来点、来试验；一次、二次，……经过许多次的试验，结果点成浆，做成功豆腐；做成功豆腐还不够，还要作豆腐干，豆腐乳。豆腐的做成，很显然的，是与自然界接触，动手、动脚、多方试验的结果，不是对自然界看看，想想，或作一首诗恭维自然界就行了的。

顶好一个例子，是格物哲学到了明朝的一个故事。明朝有一位大哲学家王阳明，他说，“照程子、朱子的说法，要做圣人，要‘即物而穷其理’。‘即物穷理’，你们没有试验过，我王阳明试验过了。”有一天，他同一位姓钱的朋友研究格物，并由钱先生动手格竹子；拿一个凳子坐在竹子旁边望，望了三天三夜，格不出来，病了。王阳明说：“你不够做圣人，我来格。”也端把椅子对着竹子望；望了一天一夜，两天两夜，……到了七天七夜，王阳明也格不出来，病了。于是王阳明说：“我们不配作圣人；不能格物。”从这个故事，可以看出传统的不动手动脚，拿天然实物来玩的习惯。今天工学院植物系的学生格竹子，是要把竹子劈开，用显微镜来细细的看，再加上颜色的水，作各种的试验，然后就可以判定竹子在工业上的地位。为什么王阳明格不出来，今天的工程师可以格出来？因王阳明没有动手动脚作器具的习惯，今天的工程师有动手动脚作器具的习惯。荀子“制天命而用之”的哲学，终敌不过老子、庄子“错（措）人而思天”的哲学。故程、朱的格物穷理的思想，终不能应用到自然界的实物上去，至多只能在“读书”上（文史的研究上）发生了一点功效。

今天送给各位工程师哲学的人生观，又约略讲了讲我们老祖宗为什么失败；为什么有了这样好的征服天然的理想，穷理致知的哲学，而没有造成功科学文化、工业文化。我们可以了解我们老祖宗让西方人赶上去了。同时，从西方人后来实现了我们老祖宗的理想，我们亦就可以知道，只要振作，是可以迎头赶上的。我们只要二十年、三十年的努力，就可以同世界上科学工业发达的国家站在一样的地位。

二十年前，中国科学社要我作一个《社歌》；后来请赵元任先生作了乐谱。今天我把这个东西送给各位工程师。这个《社歌》，一共三段十二句。

我们不崇拜自然。他是一个刁钻古怪；
我们要捶他、煮他，要叫他听我们的指派。

我们要他给我们推车；我们要他给我们送信。
我们要揭穿他的秘密，好叫他服事我们人。

我们唱天行有常；我们唱致知穷理。
明知道真理无穷，进一寸有一寸的欢喜。

科学是人生观的基础*

若不先明白科学应用到人生观上去时发生的结果，我们如何能悬空评判科学能不能解决人生观呢？

亚东图书馆主人汪孟邹先生，近来把散见国内各种杂志上的讨论科学与人生观的文章搜集印行，总名为《科学与人生观》。我从烟霞洞回到上海时，这部书已印了一大半了。孟邹要我做一篇序。我觉得，在这回空前的思想界大笔战的战场上，我要算一个逃兵了。我在本年三四月间，因为病体未复原，曾想把《努力周报》停刊，当时丁在君先生极不赞成停刊之议，他自己做了几篇长文，使我好往南方休息一会。我看了他的《玄学与科学》，心里很高兴，曾对他说，假使《努力》以后向这个新方向去谋发展，——假使我们以后为科学作战，——《努力》便有了新生命，我们也有了新兴趣，我从南方回来，一定也要加入战斗的。然而我来南方以后，一病就费去了六个多月的时间，在病中我只做了一篇很不庄重的《孙行者与张君劢》，此外竟不曾加入一拳一脚，岂不成了一个逃兵

---

* 本文原题为《〈科学与人生观〉序》，1933 年 11 月 29 日成于上海。录自《胡适全集》第 2 卷，安徽教育出版社 2003 年版。现标题为本书编者所加。

了？我如何敢以逃兵的资格来议论战场上各位武士的成绩呢？

但我下山以后，得遍读这次论战的各方面的文章，究竟忍不住心痒手痒，究竟不能不说几句话。一来呢，因为论战的材料太多，看这部大书的人不免有“目迷五色”的感觉，多作一篇综合的序论也许可以帮助读者对于论点的了解。二来呢，有几个重要的争点，或者不曾充分发挥，或者被埋没在这二十五万字的大海里，不容易引起读者的注意，似乎都有特别点出的需要。因此，我就大胆地作这篇序了。

（一）

这三十年来，有一个名词在国内几乎做到了无上尊严的地位；无论懂与不懂的人，无论守旧和维新的人，都不敢公然对它表示轻视或戏侮的态度。那名词就是“科学”。这样几乎全国一致的崇信，究竟有无价值，那是另一问题。我们至少可以说，自从中国讲变法维新以来，没有一个自命为新人物的人敢公然毁谤“科学”的，直到民国八九年间梁任公[①]先生发表他的《欧游心影录》，科学方才在中国文字里正式受了“破产”的宣告。梁先生说：

> ……要而言之，近代人因科学发达，生出工业革命，外部生活变迁急剧，内部生活随而动摇，这是很容易看得出的。……依着科学家的新心理学，所谓人类心灵这件东西，就不过物质运动现象之一种。……这些唯物派的哲学家，托庇科

① 梁任公即梁启超（1873—1929），任公是其号。中国近代史上著名的思想家、政治活动家、教育家、学问家。著名的戊戌变法领袖之一。

学宇下建立一种纯物质的纯机械的人生观。把一切内部生活外部生活都归到物质运动的“必然法则”之下。……不惟如此，他们把心理和精神看成一物，根据实验心理学，硬说人类精神也不过一种物质，一样受“必然法则”所支配。于是人类的自由意志不得不否认了。意志既不能自由，还有什么善恶的责任？……现今思想界最大的危机就在这一点。宗教和旧哲学既已被科学打得个旗靡帜乱，这位“科学先生”便自当仁不让起来，要凭他的试验发明个宇宙新大原理。却是那大原理且不消说，敢是各科的小原理也是日新月异，今日认为真理，明日已成谬见。新权威到底树立不来，旧权威却是不可恢复了。所以全社会人心，都陷入怀疑沉闷畏惧之中，好像失了罗针的海船遇着风雾，不知前途怎生是好。既然如此，所以那些什么乐利主义、强权主义愈发得势。死后既没有天堂，只好尽这几十年尽情地快活，善恶既没有责任，何妨尽我的手段来充满我个人的欲望。然而享用的物质增加速率，总不能和欲望的升腾同一比例，而且没有法子令他均衡。怎么好呢？只有凭自己的力量自由竞争起来，质而言之，就是弱肉强食。近年来什么军阀，什么财阀，都是从这条路产生出来。这回大战争，便是一个报应。……

总之，在这种人生观底下，那么千千万万人前脚接后脚的来这世界走一趟住几十年，干什么呢？独一无二的目的就是抢面包吃。不然就是怕那宇宙间物质运动的大轮子缺了发动力，特自来供给它燃料。果真这样，人生还有一毫意味，人类还有一毫价值吗？无奈当科学全盛时代，那主要的思潮，却是偏在这方面，当时讴歌科学万能的人，满望着科学成功，黄金世界便指日出现。如今功总算成了，一百年物质的进步，比从前三千年所得还加几倍。我们人类不惟没有得着幸福，倒反带来许多灾难。好像沙漠中失路的旅人，远远望见个大黑影，拼命往前赶，以为可以靠它向导，哪知赶上几程，影子却不见了，因此无限凄惶失望。影子是谁，就是这位“科学先生”。欧洲人做了一场科学万能的大梦，到如今却叫起科学破产来。（《梁任公近著》第一辑上卷，页一九——二三）

梁先生在这段文章里很动情感地指出科学家的人生观的流毒：他很明显地控告那“纯物质的纯机械的人生观”把欧洲全社会“都陷入怀疑沉闷畏惧之中”，养成“弱肉强食”的现状，——“这回大战争，便是一个报应”。他很明白地控告这种科学家的人生观造成“抢面包吃”的社会，使人生没有一毫意味，使人类没有一毫价值，没有给人类带来幸福，“倒反带来许多灾难”，叫人类“无限凄惶失望”。梁先生要说的是欧洲“科学破产”的喊声，而他举出的却是科学家的人生观的罪状；梁先生摭拾了一些玄学家诬蔑科学人生观的话头，却便加上了“科学破产”的恶名。

梁先生后来在这一段之后，加上两行自注道：

读者切勿误会，因此菲薄科学，我绝不承认科学破产，不过也不承认科学万能罢了。

然而谣言这件东西，就同野火一样，是易放而难收的。自从《欧游心影录》发表之后，科学在中国的尊严就远不如前了。一般不曾出国门的老先生很高兴地喊着，“欧洲科学破产了！梁任公这样说的。”我们不能说梁先生的话和近年同善社、悟善社的风行有什么直接的关系；但我们不能不说梁先生的话在国内确曾替反科学的势力助长不少的威风。梁先生的声望，梁先生那枝“笔锋常带情感”的健笔，都能使他的读者容易感受他的言论的影响。何况国中还有张君劢先生一流人，打着柏格森、倭铿、欧立克……的旗号，继续起来替梁先生推波助澜呢?

我们要知道，欧洲的科学已到了根深柢固的地位，不怕玄学鬼来攻击了。几个反动的哲学家，平素饱餍了科学的滋味，偶尔对科学发几句牢骚话，就像富贵人家吃厌了鱼肉，常想尝尝咸菜豆腐的风味：这种反动并没有什么大危险。那光焰万丈的科学，决不是这几个玄学鬼摇撼得动的。一到中国，便不同了。中国此时还不曾享着科学的赐福，更谈不到科学带来的“灾难”。我们试睁开眼看看：这遍地的乩坛道院，这遍地的仙方鬼照相，这样不发达的交通，这样不发达的实业，——我们哪里配排斥科学？至于“人生观”，我们只有做官发财的人生观，只有靠天吃饭的人生观，只有求神问卜的人生观，只有《安士全书》的人生观，只有《太上感应篇》的人生观——中国人的人生观还不曾和科学行见面礼呢！我们当这个时候，正苦科学的提倡不够，正苦科学的教育不发达，正苦科学的势力还不能扫除那弥漫全国的乌烟瘴气，——不料还有名流学者出来高唱“欧洲科学破产”的喊声，出来把欧洲文化破产的罪名归到科学身上，出来菲薄科学，历数科学家的人生观的罪状，不要科学在人生观上发生影响！信仰科学的人看了这种现状，能不发愁吗？能不大声疾呼出来替科学辩护吗?

这便是这一次“科学与人生观”的大论战所以发生的动机。明白了这个动机，我们方才可以明白这次大论战在中国思想史上占的地位。

（二）

张君劢的《人生观》原文的大旨是：

> 人生观之特点所在，曰主观的，曰直觉的，曰综合的，曰自由意志的，曰单一性的。惟其有此五点，故科学无论如何发达，而人生观问题之解决，决非科学所能为力，惟赖诸人类之自身而已。

君劢叙述那五个特点时，处处排斥科学，处处用一种不可捉摸的语言——“是非各执，绝不能施以一种试验”“无所谓定义，无所谓方法，皆其身良心之所命起而主张之”“若强为分析，则必失其真义”“皆出于良心之自动，而决非有使之然者”。这样一个大论战，却用一篇处处不可捉摸的论文作起点，这是一件大不幸的事。因为原文处处不可捉摸，故驳论与反驳都容易跳出本题。战线延长之后，战争本意反不很明白了。（**我常想，假如当日我们用了梁任公先生的《科学万能之梦》一篇作讨论的基础，我们定可以使这次论争的旗帜格外鲜明，——至少可以免去许多无谓的纷争。**）我们为读者计，不能不把这回论战的主要问题重说一遍。

君劢的要点是“人生观问题之解决，决非科学所能为力”。我们要答复他，似乎应该先说明科学应用到人生观问题上去，会产生什么样子的人生观；这就是说，我们应该先叙述“科学的人生观”是什么，然后讨论这种人生观是否可以成立，是否可以解决人生观的问题，是否像梁先生说的那样贻祸欧洲，流毒人类。我总观这二十五万字的讨论，终觉得这一次为科学作战的人——除了吴稚晖先生——都有一个共同的错误，就是不曾具体地说明科学的人生观是什么，却去抽象地力争科学可以解决人生观的问题。这个共同的错误原因，约有两种：第一，张君劢的导火线的文章内并不曾像梁任公那样明白指斥科学家的人生观，只是笼统地说科学对于人生观问题不能为力。因此，驳论与反驳论的文章也都走上那“可能与不可能”的笼统讨论上去了。例如丁在君的《玄学与科学》的主要部分只是要证明：

> 凡是心理的内容，真的概念推论，无一不是科学的材料。

然而他却始终没有说出什么是“科学的人生观”。从此以后，许多参战的学者都错在这一点上。如张君劢《再论人生观与科学》只主张：

> “人生观超于科学以上”，“科学决不能支配人生”。

如梁任公的《人生观与科学》只说：

> 人生关涉理智方面的事项，绝对要用科学方法来解决；关于情感方面的事项，绝对的超科学。

如林宰平的《读丁在君先生的玄学与科学》只是一面承认“科学的方法有益于人生观”，一面又反对科学包办或管理“这个最古怪的东西”——人类。如丁在君《答张君劢》也只是说明：

> 这种（科学）方法，无论用在知识界的哪一部分，都有相当的成绩，所以我们对于知识的信用，比对于没有方法的情感要好；凡有情感的冲动都要想用知识来指导它，使它发展的程度提高，发展的方向得当。

如唐擘黄《心理现象与因果律》只证明：

> 一切心理现象都是有因的。

他的《一个痴人的说梦》只证明：

> 关于情感的事项，要就我们的知识所及，尽量用科学方法

来解决的。

王抚五的《科学与人生观》也只是说：

> 科学是凭藉“因果”和“齐一”两个原理而构造起来的；人生问题无论为生命之观念，或生活之态度，都不能逃出这两个原理的金刚圈，所以科学可以解决人生问题。

直到最后范寿康的《评所谓科学与玄学之争》，也只是说：

> 伦理规范——人生观——一部分是先天的，一部分是后天的。先天的形式是由主观的直觉而得，决不是科学所能干涉。后天的内容应由科学的方法探讨而定，决不是主观所应妄定。

综观以上各位的讨论，人人都在那里笼统地讨论科学能不能解决人生问题或人生观问题。几乎没有一个人明白指出，假使我们把科学适用到人生观上去，应该产生什么样子的人生观，然而这个共同的错误大都是因为君劢的原文不曾明白攻击科学家的人生观，却只悬空武断科学决不能解决人生观问题。殊不知，我们若不先明白科学应用到人生观上去时发生的结果，我们如何能悬空评判科学能不能解决人生观呢?

这个共同的错误——大家规避“科学的人生观是什么”的问题——怕还有第二个原因，就是一班拥护科学的人虽然抽象地承认科学可以解决人生问题，却终不愿公然承认那具体的“纯物质，纯机械的人生观”为科学的人生观。我说他们“不愿”，并不是说他们怯懦不敢，只是说他们对于那科学家的人生观还不能像吴稚晖先生那样明显坚决的信仰，所以还不能公然出来主张。这一点确是这一次大论争的一个绝大的弱点。若没有吴老先生把他的“漆黑一团”的宇宙观和“人欲横流”的人生观提出来做个押阵大将，这一场大战争真成了一场混战，只闹得个一哄散场！

关于这一点，陈独秀先生的序里也有一段话，对于作战的先锋大将丁在君先生表示不满意。独秀说：

> 他（**丁先生**）自号存疑的唯心论，这是沿袭赫胥黎、斯宾塞诸人的谬误；你既承认宇宙间有不可知的部分而存疑，科学家站开，且让玄学家来解疑。此所以张君劢说“既已存疑，则研究形而上界之玄学，不应有丑诋之词。”其实我们对于未发见的物质固然可以存疑，而对于超物质而独立存在并且可以支配物质的什么心（**心即是物之一种表现**），什么神灵与上帝，我们已无疑可存了。说我们武断也好，说我们专制也好，若无证据给我们看，我们断然不能抛弃我们的信仰。

关于存疑主义的积极的精神，在君自己也曾有明白的声明（《**答张君劢**》，**页二一——二三**）。“拿证据来！”一句话确然是有积极精神的。但赫胥黎等在当用这种武器时，究竟还只是消极的防御居多。在十九世纪的英国，在那宗教的权威不曾打破的时代，明明是无神论者也不得不挂一个“存疑”的招牌。但在今日的中国，在宗教信仰向来比较自由的中国，我们如果深信现有的科学证据只能叫我们否认上帝的存在和灵魂的不灭，那么，我们正不妨老实自居为“无神论者”。这样的自称并不算是武断；因为我们的信仰是根据于证据的：等到有神论的证据充足时，我们再改信有神论，也还不迟。我们在这个时候，既不能相信那没有充分证据的有神论，心灵不灭论，天人感应论，……又不肯积极地主张那自然主义的宇宙观，唯物的人生观，……怪不得独秀要说“科学家站开！且让玄学家来解疑”了。吴稚晖先生便不然。他老先生宁可冒“玄学鬼”的恶名，偏要冲到那“不可知的区域”里去打一阵，他希望“那不可知区域里的假设，责成玄学鬼也带着论理色彩去假设着”（《宇宙观及人生观》，页九）。这个态度是对的。我们信仰科学的人，正不妨做一番大规模的假设。只要我们的假设处处建筑在已知的事实之上，只要我们认我们的建筑不过是一种最满意的假设，可以跟着新证据修正的，——我们带着这种科学的态度，不妨冲进那不可知的区域里，正如姜子牙展开了杏黄旗，也不妨冲进十绝阵里去试试。

（三）

我在上文说的，并不是有意挑剔这一次论战场上的各位武士。我的意思只是要说，这一篇论战的文章只做了一个“破题”，还不曾做到“起讲”。至于“余兴”与“尾声”，更谈不到了。破题的工夫，自然是很重要的。丁在君先生的发难，唐擘黄先生等的响应，六个月的时间，二十五万字的煌煌大文，大吹大擂地把这个大问题捧了出来，叫乌烟瘴气的中国知道这个大问题的重要，——这件功劳真不在小处！

可是现在真有做“起讲”的必要了。吴稚晖先生的《一个新信仰的宇宙观及人生观》已给我们做下一个好榜样。在这篇《科学与人生观》的“起讲”里，我们应该积极地提出什么叫做“科学的人生观”，应该提出我们所谓“科学的人生观”，好教将来的讨论有个具体的争点。否则你单说科学能解决人生观，他单说不能，势必至于吴稚晖先生说的“张丁之战，便延长了一百年，也不会得到究竟”。因为若不先有一种具体的科学人生观作讨论的底子，今日泛泛地承认科学有解决人生观的可能，是没有用的。等到那“科学的人生观”的具体内容拿出来时，战线上的组合也许要起一个大大的变化。我的朋友朱经农先生是信仰科学“前程不可限量”的，然而他定不能承认无神论是科学的人生观。我的朋友林宰平先生是反对科学包办人生观的，然而我想他一定可以很明白地否认上帝的存在。到了那个具体讨论的时期，我们才可以说是真正开战。那时的反对，才是真反对。那时的赞成，才是真赞成。那时的胜利，才是真胜利。

我还要再进一步说：拥护科学的先生们，你们虽要想规避那“科学的人生观是什么”的讨论，你们终于免不了的。因为他们早已正式对科学的人生观宣战了。梁任公先生的“科学万能之梦”，早已明白攻击那“纯物质的，纯机械的人生观”了。他早已把欧洲大战祸的责任加到那“科学家的新心理学”上去了。张君劢先生在《再论人生观与科学》里，也很笼统地攻击“机械主义”了。他早已说“关于人生之解释与内心之修养，当然以唯心派之言为长”了。科学家究竟何去何从？这时候正是科学家表明态度的时候了。

因此，我们十分诚恳地对吴稚晖先生表示敬意，因为他老先生在这个时候很大胆地把他信仰的宇宙观和人生观提出来，很老实地宣布他的“漆黑一团”的宇宙观和“人欲横流”的人生观。他在那篇大文章里，很明白地宣言：

> 那种骇得煞人的显赫的名词，上帝呀，神呀，还是取销了好。（页十二）

很明白地

> 开除了上帝的名额，放逐了精神元素的灵魂。（页二九）

很大胆地宣言：

我以为动植物且本无感觉，皆止有其质力交推，有其辐射反应，如是而已。譬之于人，其质构而为如是之神经系，即其力生如是之反应。所谓情感，思想，意志等等，就种种反应而强为之名，美其名曰心理，神其事曰灵魂，质直言之曰感觉，其实统不过质力之相应。（页二二——二三）

他在《人生观》里，很“恭敬地又好像滑稽地”说：

人便是外面止剩两只脚，却得到了两只手，内面有三斤二两脑髓，五千零四十八根脑筋，比较占有多额神经系质的动物。（页三九）

生者，演之谓也，如是云尔。（页四十）

所谓人生，便是用手用脑的一种动物，轮到“宇宙大剧场”的第亿垓八京六兆五万七千幕，正在那里出台演唱。（页四七）

他老先生五年的思想和讨论的结果，给我们这样一个“新信仰的宇宙观及人生观”。他老先生很谦逊地避去“科学的”的尊号，只叫他做“柴积上，日黄中的老头儿”的新信仰。他这个新信仰正是张君劢先生所谓“机械主义”，正是梁任公先生所谓“纯物质的纯机械的人生观”。他一笔勾销了上帝，抹煞了灵魂，戳穿了“人为万物之灵”的玄秘。这才是真正的挑战。我们要看那些信仰上帝的人们出来替上帝向吴老先生作战。我们要看那些信仰灵魂的人们出来替灵魂向吴老先生作战。我们要看那些信仰人生的神秘的人们出来向这“两手动物演戏”的人生观作战。我们要看那些认爱情为玄秘的人们出来向这“全是生理作用，并无丝毫微妙”

的爱情观作战。这样的讨论，才是切题的，具体的讨论。这才是真正开火。这样战争的结果，不是科学能不能解决人生的问题了，乃是上帝的有无，鬼神的有无，灵魂的有无，……等等人生切要问题的解答。

只有这种具体的人生切要问题的讨论才可以发生我们所希望的效果，——才可以促进思想上的刷新。

反对科学的先生们！你们以后的作战，请向吴稚晖的“新信仰的宇宙观及人生观”作战。

拥护科学的先生们！你们以后的作战，请先研究吴稚晖的“新信仰的宇宙观及人生观”：完全赞成他的，请准备替他辩护，像赫胥黎替达尔文辩护一样；不能完全赞成他的，请提出修正案，像后来的生物学者修正达尔文主义一样。

从此以后，科学与人生观的战线上的押阵老将吴老先生要倒转来做先锋了！

（四）

说到这里，我可以回到张丁之战的第一个“回合”了。张君劢说：

> 天下古今之最不统一者，莫若人生观。（《人生观》页一）

丁在君说：

> 人生观现在没有统一是一件事，永久不能统一又是一件事，除非你能提出事实理由来证明他是永远不能统一的，我们总有求他统一的义务。（《玄学与科学》页三）
>
> 玄学家先存了一个成见，说科学方法不适用于人生观；世界

上的玄学家一天没有死完，自然一天人生观不能统一。（**页四**）

“统一”一个字，后来很引起一些人的抗议。例如林宰平先生就控告丁在君，说他“要把科学来统一一切”，说他“想用科学的武器来包办宇宙”。这种控诉，未免过于张大其词了。在君用的“统一”一个字，不过是沿用君劢文章里的话；他们两位的意思大概都不过是大同小异的一致罢了。依我个人想起来，人类的人生观总应该有一个最低限度的一致的可能。唐擘黄先生说的最好：

> 人生观不过是一个人对于万物同人类的态度，这种态度是随着一个人的神经构造，经验，知识等而变的。神经构造等就是人生观之因。我举一二例来看。
>
> 无因论者以为叔本华（Schopenhauer）、哈德门[①]（Hartmann）的人生观是直觉的，其实他们自己并不承认这事。他们都说根据经验阅历而来的。叔本华是引许多经验作证的，哈德门还要说他的哲学是从归纳法得来的。
>
> 人生观是因知识而变的。例如，柯白尼“太阳居中说”，同后来的达尔文的“人猿同祖说”发明以后，世界人类的人生观起绝大变动，这是无可疑的历史事实。若人生观是直觉的，无因的，何以随自然界的知识而变更呢？

我们因为深信人生观是因知识经验而变换的，所以深信宣传与教育的效果可以使人类的人生观得着一个最低限度的一致。

最重要的问题是：拿什么东西来做人生观的“最低限度的一致”呢？

---

① 哈德门（Hartmann），现通译哈特曼，德国著名哲学家。

我的答案是：拿今日科学家平心静气地，破除成见地，公同承认的“科学的人生观”来做人类人生观的最低限度的一致。

宗教的功效已曾使有神论和灵魂不灭论统一欧洲（其实何止欧洲？）的人生观至千余年之久。假使我们信仰的“科学的人生观”将来靠教育与宣传的功效，也能有“有神论”和“灵魂不灭论”在中世欧洲那样的风行，那样的普遍，那也可算是我所谓“大同小异的一致”了。

我们若要希望人类的人生观逐渐做到大同小异的一致，我们应该准备替这个新人生观作长期的奋斗。我们所谓“奋斗”，并不是像林宰平先生形容的“摩哈默得式”的武力统一；只是用光明磊落的态度，诚恳的言论，宣传我们的“新信仰”，继续不断的宣传，要使今日少数人的信仰逐渐变成将来大多数人的信仰。我们也可以说这是“作战”，因为新信仰总免不了和旧信仰冲突的事；但我们总希望作战的人都能尊重对方人格，都能承认那些和我们信仰不同的人不一定都是笨人与坏人，都能在作战之中保持一种“容忍”（Toleration）的态度：我们总希望那些反对我们的新信仰的人，也能用“容忍”的态度来对我们，用研究的态度来考察我们的信仰。我们要认清：我们的真正敌人不是对方；我们的真正敌人是“成见”，是“不思想”。我们向旧思想和旧信仰作战，其实只是很诚恳地请求旧思想和旧信仰势力之下的朋友们起来向“成见”和“不思想”作战。凡是肯用思想来考察他的成见的人，都是我们的同盟！

（五）

总而言之，我们以后的作战计划是宣传我们的新信仰，是宣传我们的新人生观（我所谓“人生观”，依唐擘黄先生的界说，包括吴稚晖先生所谓“宇宙观”）。这个新人生观的大旨，吴稚晖先生已宣布过了。我们总括他的大意，加上一点扩充和补充，在这里再提出这个新人生观的轮廓：

一、根据于天文学和物理学的知识，叫人知道空间的无穷之大。

二、根据于地质学及古生物学的知识，叫人知道时间的无穷之长。

三、根据于一切科学，叫人知道宇宙及其中万物的运行变迁皆是自然的，自己如此的，——正用不着什么超自然的主宰或造物者。

四、根据于生物的科学的知识，叫人知道生物界的生存竞争的浪费与惨酷，——因此，叫人更可以明白那“有好生之德”的主宰的假设是不能成立的。

五、根据于生物学，生理学，心理学的知识，叫人知道人不过是动物的一种，他和别种动物只有程度的差异，并无种类的区别。

六、根据于生物的科学及人类学，人种学，社会学的知识，叫人知道生物及人类社会演进的历史和演进的原因。

七、根据于生物的及心理的科学，叫人知道一切心理的现象都是有因的。

八、根据于生物学及社会学的知识，叫人知道道德礼教是变迁的，而变迁的原因都是可以用科学方法寻求出来的。

九、根据于新的物理化学的知识，叫人知道物质不是死的，是活的；不是静的，是动的。

十、根据于生物学及社会学的知识，叫人知道个人——“小我”——是要死灭的；而人类——“大我”——是不死的，不朽的；

叫人知道“为全种万世而生活”就是宗教，就是最高的宗教；而那些替个人谋死后的“天堂”“净土”的宗教，乃是自私自利的宗教。

这种新人生观是建筑在二三百年的科学常识之上的一个大假设，我们也许可以给它加上“科学的人生观”的尊号。但为避免无谓的争论起见，我主张叫它做“自然主义的人生观”。

在那个自然主义的宇宙里，在那无穷之大的空间里，在那无穷之长的时间里，这个平均高五尺六寸，上寿不过百年的两手动物——人——真是一个藐乎其小的微生物了。在那个自然主义的宇宙里，天行是有常度的，物变是有自然法则的，因果的大法支配着他——人——的一切生活，生存竞争的惨剧鞭策着他的一切行为，——这个两手动物的自由真是很有限的了。然而那个自然主义的宇宙里的这个渺小的两手动物却也有他的相当的地位和相当的价值。他用的两手和一个大脑，居然能做出许多器具，想出许多方法，造成一点文化。他不但驯服了许多禽兽，他还能考究宇宙间的自然法则，利用这些法则来驾驭天行，到现在他居然能叫电气给他赶车，以太[①]给他送信了。他的智慧的长进就是他的能力的增加；然而智慧的长进却又使他的胸襟扩大，想象力提高。他也曾拜物拜畜生，也曾怕神怕鬼，但他现在渐渐脱离了这种种幼稚的时期，他现在渐渐明白：空间之大只增加他对于宇宙的美感；时间之长只使他格外明了祖宗创业之艰难；天行之有常只增加他制裁自然界的能力。甚至于因果律的笼罩一切，也并不见得束缚他的自由，因为因果律的作

① “以太”，古希腊哲学家亚里士多德设想的一种物质。19世纪的物理学家认为它是一种电磁波的传播媒质。后来的科学实验表明“以太”并不存在，“以太”理论已被科学界抛弃。

用一方面使他可以由因求果，由果推因，解释过去，预测未来；一方面又使他可以运用他的智慧，创造新因以求新果。甚至于生存竞争的观念也并不见得就使他成为一个冷酷无情的畜生，也许还可以格外增加他对于同类的同情心，格外使他深信互助的重要，格外使他注重人为的努力以减免天然竞争的惨酷与浪费。——总而言之，这个自然主义的人生观里，未尝没有美，未尝没有诗意，未尝没有道德的责任，未尝没有充分运用“创造的智慧”的机会。

我这样粗枝大叶的叙述，定然不能使信仰的读者满意，或使不信仰的读者心服。这个新人生观的满意的叙述与发挥，那正是这本书和这篇序所期望能引起的。

不朽
——我的宗教*

我这个现在的“小我”，对于那永远不朽的“大我”的无穷过去，须负重大的责任；对于那永远不朽的“大我”的无穷未来，也须负重大的责任。

不朽有种种说法，但是总括看来，只有两种说法是真有区别的。一种是把“不朽”解作灵魂不灭的意思。一种就是《春秋左传》上说的“三不朽”。

一、神不灭论 宗教家往往说灵魂不灭，死后须受末日的裁判：做好事的享受天国天堂的快乐，做恶事的要受地狱的苦痛。这种说法，几千年来不但受了无数愚夫愚妇的迷信，居然还受了许多学者的信仰。但是古今来也有许多学者对于灵魂是否可离形体而存在的问题，不能不发生疑问。最重要的如南北朝人范缜的《神灭论》说：“形者神之质，神者形之用……神之于质，犹利之于刀；形之于用，犹刀之于利。……舍利无刀，舍刀无利。未闻刀没而利存，岂容形亡而神在？”宋朝的司马光也说：“形既朽灭，神亦飘散，虽有剉烧舂磨，亦无所施。”但是司马光说的“形既朽灭，神

---

* 本文原载1919年2月15日《新青年》第6卷第2号。录自《胡适全集》第1卷，安徽教育出版社2003年版。

亦飘散”，还不免把形与神看作两件事，不如范缜说的更透彻。范缜说人的神灵即是形体的作用，形体便是神灵的形质。正如刀子是形质，刀子的利钝是作用；有刀子方才有利钝，没有刀子便没有利钝。人有形体方才有作用：这个作用，我们叫做“灵魂”。若没有形体，便没有作用了，便没有灵魂了。范缜这篇《神灭论》出来的时候，惹起了无数人的反对。梁武帝叫了七十几个名士作论驳他，都没有什么真有价值的议论。其中只有沈约的《难神灭论》说：“利若遍施四方，则利体无处复立；利之为用正存一边毫毛处耳。神之与形，举体若合，又安得同乎？若以此譬为尽耶，则不尽；若谓本不尽耶，则不可以为譬也。”这一段是说刀是无机体，人是有机体，故不能彼此相比。这话固然有理，但终不能推翻“神者形之用”的议论。近世唯物派的学者也说人的灵魂并不是什么无形体，独立存在的物事，不过是神经作用的总名：灵魂的种种作用都即是脑部各部分的机能作用；若有某部被损伤，某种作用即时废止；人年幼时，脑部不曾完全发达，神灵作用也不能完全，老年人脑部渐渐衰耗，神灵作用也渐渐衰耗。这种议论的大旨，与范缜所说“神者形之用”正相同。但是有许多人总舍不得把灵魂打消了，所以咬住说灵魂另是一种神秘玄妙的物事，并不是神经的作用。这个“神秘玄妙”的物事究竟是什么，他们也说不出来，只觉得总应该有这么一件物事。既是“神秘玄妙”，自然不能用科学试验来证明它，也不能用科学试验来驳倒它。既然如此，我们只好用实验主义（Pragmatism）的方法，看这种学说的实际效果如何，以为评判的标准。依此标准看来，信神不灭论的固然也有好人，信神灭论的也未必全是坏人。即如司马光、范缜、赫胥黎一类的人，说不信灵魂不灭的话，何尝没有高尚的道德？更进一层说，有些人因为迷信天堂，天国，地狱，末日裁判，方才修德行善，这种修行全是自私自利的，也算不得真正道德。总而言之，灵魂灭不灭的问题，于人生行为上实在没有什么重大影响；既没有实际的影响，简直可说是不成问题了。

二、三不朽说 《左传》说的三种不朽是：（1）立德的不朽，（2）立功的不朽，（3）立言的不朽。“德”便是个人人格的价值，像墨翟、耶稣一类的人，一生刻意孤行，精诚勇猛，使当时的人敬爱信仰，使千百年后的人想念崇拜。这便是立德的不朽。“功”便是事业，像哥伦布发现美洲，像华盛顿造成美洲共和国，替当时的人开一新天地，替历史开一新纪元，替天下后世的人种下无量幸福的种子。这便是立功的不朽。“言”便是语言著作，像那《诗经》三百篇的许多无名诗人，又像陶潜、杜甫、萧士比亚[①]、易卜生一类的文学家，又像柏拉图、卢骚[②]、弥儿[③]一类的哲学家，又像牛敦[④]、达尔文一类的科学家，或是做了几首好诗使千百年后的人欢喜感叹；或是做了几本好戏使当时的人鼓舞感动，使后世的人发愤兴起；或是创出一种新哲学，或是发明了一种新学说，或在当时发生思想的革命，或在后世影响无穷。这便是立言的不朽。总而言之，这种不朽说，不问

① 萧士比亚（Willan Shakespeare，1564—1616），今通译莎士比亚，英国文艺复兴时期伟大的剧作家、诗人。

② 卢骚（Jean-Jacques Rousseau，1712—1778），今通译卢梭，法国著名启蒙思想家、哲学家，18世纪法国大革命的思想先驱。

③ 弥儿（John Stuart Mill，1806—1873），今通译密尔，又译穆勒，英国著名功利主义哲学家。

④ 牛敦（Isaac Newton，1643—1727），今通译牛顿，英国著名科学家。

人死后灵魂能不能存在，只问他的人格，他的事业，他的著作有没有永远存在的价值。即如基督教徒说耶稣是上帝的儿子，他的神灵永永存在，我们正不用驳这种无凭据的神话，只说耶稣的人格、事业和教训都可以不朽，又何必说那些无谓的神话呢？又如孔教会的人每到了孔丘的生日，一定要举行祭孔的典礼，还有些人学那“朝山进香”的法子，要赶到曲阜孔林去对孔丘的神灵表示敬意！其实孔丘的不朽全在他的人格与教训，不在他那“在天之灵”。大总统多行两次丁祭，孔教会多行两次“朝山进香”，就可以使孔丘格外不朽了吗。更进一步说，像那《三百篇》里的诗人，也没有姓名，也没有事实，但是他们都可说是立言的不朽。为什么呢？因为不朽全靠一个人的真价值，并不靠姓名事实的流传，也不靠灵魂的存在。试看古今来的多少大发明家，那发明火的，发明养蚕的，发明缫丝的，发明织布的，发明水车的，发明舂米的水碓的，发明规矩的，发明秤的，……虽然姓名不传，事实湮没，但他们的功业永远存在，他们也就都不朽了。这种不朽比那个人的小小灵魂的存在，可不是更可宝贵，更可羡慕吗？况且那灵魂的有无还在不可知之中，这三种不朽——德，功，言，——可是实在的。这三种不朽可不是比那灵魂的不灭更靠得住吗？

以上两种不朽论，依我个人看来，不消说得，那“三不朽说”是比那“神不灭说”好得多了。但是那“三不朽说”还有三层缺点，不可不知。第一，照平常的解说看来，那些真能不朽的人只不过那极少数有道德，有功业，有著述的人。还有那无量平常人难道就没有不朽的希望吗？世界上能有几个墨翟、耶稣，几个哥伦布、华盛顿，几个杜甫、陶潜，几个牛敦、达尔文呢？这岂不成了一种“寡头”的不朽论吗？第二，这种不朽论单从积极一方面着想，但没有消极的裁制。那种灵魂的不朽论既说有天国的快乐，又说有地狱的苦楚，是积极消极两方面都顾着的。如今单说立德可以不朽，不立德又怎样呢？立功可以不朽，有罪恶又怎样呢？第三，这种不朽论所说的“德，功，言”三件，范围都很含糊。究竟怎样的人格方才可算是“德”呢？怎样的事业方才可算是“功”呢？怎样的著作方才可算是“言”呢？我且举一个例。哥伦布发现美洲固然可算得立了不朽之功，但是他船上的水手火头又怎样呢？他那只船的造船工人又怎样呢？他船上用的罗盘器械的制造工人又怎样呢？他所读的书的著作者又怎样呢？……举这一条例，已可见“三不朽”的界限含糊不清了。

因为要补足这三层缺点，所以我想提出第三种不朽论来请大家讨论。我一时想不起别的好名字，姑且称他做“社会的不朽论”。

三、社会的不朽论 社会的生命，无论是看纵剖面，是看横截面，都像一种有机的组织。从纵剖面看来，社会的历史是不断的；前人影响后人，后人又影响更后人；没有我们的祖宗和那无数的古人，又哪里有今日的我和你？没有今日的我和你，又哪里有将来的后人？没有那无量数的个人，便没有历史，但是没有历史，那无数的个人也决不是那个样子的个人：总而言之，个人造成历史，历史造成个人。从横截面看来，社会的生活是交互影响的：个人造成社会，社会造成个人；社会的生活全靠个人分工合作的生活，但个人的生活，无论如何不同，都脱不了社会的影响；若没有那样这样的社会，决不会有这样那样的我和你；若没有无数的我和你，社会也决不是这个样子。来勃尼慈[①]（Leibnitz）说得好：

> 这个世界乃是一片大充实（plenum，为真空 vacuum 之对），其中一切物质都是接连着的。一个大充实里面有一点变动，全部的物质都要受影响，影响的程度与物体距离的远近成正比例。世界也是如此。每一个人不但直接受他身边亲近的人的影响，并且间接又间接的受距离很远的人的影响。所以世间的交互影响，无论距离远近，都受得着的。所以世界上的人，每人受着全世界一切动作的影响。如果他有周知万物的智慧，他可以在每人的身上看出世间一切施为，无论过去未来都可看得出，在这一个现在里面便有无穷时间空间的影子。（见 *Monadology* 第 61 节）

从这个交互影响的社会观和世界观上面，便生出我所说的“社会的不朽论”来。我这“社会的不朽论”的大旨是：

我这个“小我”不是独立存在的，是和无量数小我有直接或间接的交互关系的；是和社会的全体和世界的全体都有互为影响的关系的；是和社会世界的过去和未来都有因果关系的。种种从前的因，种种现在无数“小我”和无数他种势力所造成的因，都成了我这个“小我”的一部分。我这个“小我”，加上了种种从前的因，又加上了种种现在的因，传递下去，又要造成无数将来的“小我”。这种种过去的“小我”，和种种现在的“小我”，和种种将来无穷的“小我”，一代传一代，一点加一滴；一线相传，连绵不断；一水奔流，滔滔不绝：——这便是一个“大我”。“小我”是会消灭的，“大我”

① 来勃尼慈（Gottfried Wilhelm Leibniz，1646—1716），今通译莱布尼茨，德国著名哲学家、数学家。

是永远不灭的。“小我”是有死的，“大我”是永远不死，永远不朽的。“小我”虽然会死，但是每一个“小我”的一切作为，一切功德罪恶，一切语言行事，无论大小，无论是非，无论善恶，一一都永远留存在那个“大我”之中。那个“大我”，便是古往今来一切“小我”的纪功碑，彰善祠，罪状判决书，孝子慈孙百世不能改的恶谥法。这个“大我”是永远不朽的，故一切“小我”的事业，人格，一举一动，一言一笑，一个念头，一场功劳，一桩罪过，也都永远不朽。这便是社会的不朽，“大我”的不朽。

那边“一座低低的土墙，遮着一个弹三弦的人”。那三弦的声浪，在空间起了无数波澜；那被冲动的空气质点，直接间接冲动无数旁的空气质点；这种波澜，由近而远，至于无穷空间；由现在而将来，由此刹那以至于无量刹那，至于无穷时间：——这已是不灭不朽了。那时间，那“低低的土墙”外边来了一位诗人，听见那三弦的声音，忽然起了一个念头；由这一个念头，就成了一首好诗；这首好诗传诵了许多人；人读了这诗，各起种种念头；由这种种念头，更发生无量数的念头，更发生无数的动作，以至于无穷。然而那“低低的土墙”里面那个弹三弦的人又如何知道他所发生的影响呢？

一个生肺病的人在路上偶然吐了一口痰。那口痰被太阳晒干了，化为微尘，被风吹起空中，东西飘散，渐吹渐远，至于无穷时间，至于无穷空间。偶然一部分的病菌被体弱的人呼吸进去，便发生肺病，由他一身传染一家，更由一家传染无数人家。如此辗转传染，至于无穷空间，至于无穷时间。然而那先前吐痰的人的骨头早已腐烂了，他又如何知道他所种的恶果呢？

一千五六百年前有一个人叫范缜说了几句话道：“神之于形，犹利之于刀；未闻刀没而利存，岂容形亡而神在？”这几句话在当时受了无数人的攻击。到了宋朝有个司马光把这几句话记在他的《资治通鉴》里。一千五六百年之后，有一个十一岁的小孩子，——就是我，——看《通鉴》到这几句话，心里受了一大感动，后来便影响了他半生的思想行事。然而那说话的范缜早已死了一千五百年了！

二千六七百年前，在印度地方有一个穷人病死了，没人收尸，尸首暴露在路上，已腐烂了。那边来了一辆车，车上坐着一个王太子，看见了这个腐烂发臭的死人，心中起了一念；由这一念，辗转发生无数念。后来那位王太子把王位也抛了，富贵也抛了，父母妻子也抛了，独自去寻思一个解脱生老病死的方法。后来这位王子便成了一个教主，创了一种哲学的宗教，感化了无数人。他的影响势力至今还在；将来即使他的宗教全灭了，他的影响势力终久还存在，以至于无穷。这可是那腐烂发臭的路毙所曾梦想到的吗？

以上不过是略举几件事，说明上文说的“社会的不朽”，“大我的不朽”。这种不朽论，总而言之，只是说个人的一切功德罪恶，一切言语行事，无论大小好坏，一一都留下一些影响在那个“大我”之中。一一都与这永远不朽的“大我”一同永远不朽。

上文我批评那“三不朽论”的三层缺点：(1) 只限于极少数的人，(2)没有消极的裁制，(3)所说“功，德，言”的范围太含糊了。如今所说“社会的不朽”，其实只是把那“三不朽论”的范围更推广了。既然不论事业功德的大小，一切都可不朽，那第一第三两层短处都没有了。冠绝古今的道德功业固可以不朽，那极平常的“庸言庸行”，油盐柴米的琐屑，愚夫愚妇的细事，一言一笑的微细，也都永远不朽。那发现美洲的哥伦布固可以不朽，那些和他同行的水手，火头，造船的工人，造罗盘器械的工人，供给他粮食衣服银钱的人，他所读的书的著作家，生他的父母，生他父母的父母祖宗，以及生育训练那些工人商人的父母祖宗，以及他以前和同时的社会，……都永远不朽。社会是有机的组织，那英雄伟人可以不朽，那挑水的，烧饭的，甚至于浴堂里替你擦背的；甚至于每天替你家掏粪倒马桶的，也都永远不朽。至于那第二层缺点，也可免去。如今说立德不朽，行恶也不朽；立功不朽，犯罪也不朽；“流芳百世”不朽，“遗臭万年”也不朽；功德盖世固是不朽的善因，吐一口痰也有不朽的恶果。我的朋友李守常先生说得好：“稍一失脚，必致遗留层层罪恶种子于未来无量的人，——即未来无量的我，——永不能消除，永不能忏悔。”这就是消极的裁制了。

中国儒家的宗教提出一个父母的观念，和一个祖先的观念，来做人生一切行为的裁制力。所以说，“一出言而不敢忘父母，一举足而不敢忘父母。”父母死后，又用丧礼祭礼等等见神见鬼的方法，时刻提醒这种人生行为的裁制力。所以又说，“斋明盛服，以承祭祀，洋洋乎如在其上，如在其左右。”又说，“斋三日，则见其所为斋者；祭之日，入室，僾然必有见乎其位；周还出户，肃然必有闻乎其容声；出户而听，忾然必有闻乎其叹息之声。”这都是“神道设教”，见神见鬼的手段。这种宗教的手段在今日是不中用了。还有那种“默示”的宗教，神权的宗教，崇拜偶像的宗教，在我们心里也不能发生效力，不能裁制我们一生的行为。以我个人看来，这种“社会的不朽”观念很可以做我的宗教了。我的宗教的教旨是：

我这个现在的“小我”，对于那永远不朽的“大我”的无穷过去，须负重大的责任；对于那永远不朽的“大我”的无穷未来，也须负重大的责任。我须要时时想着，我应该如何努力利用现在的“小我”，方才可以不辜负了那“大我”的无穷过去，方才可以不遗害那“大我”的无穷未来？

〔跋〕 这篇文章的主意是民国七年年底当我的母亲丧事里想到的。那时只写成一部分，到八年二月十九日方才写定付印。后来俞颂华先生在报纸上指出我论社会是有机体一段很有语病，我觉得他的批评很有理，故九年二月间我用英文发表这篇文章时，我就把那一段完全改过了。十年五月，又改定中文原稿，并记作文与修改的缘起于此。

一种健全的个人主义的人生观*

“我所最期望于你的是一种真益纯粹的为我主义。要使你有时觉得天下只有关于我的事最要紧，其余的都算不得什么。……你要想有益于社会，最妙的法子莫如把你自己这块材料铸造成器。”

一

易卜生[①]最后所作的《我们死人再生时》(*When We Dead Awaken*)一本戏里面有一段话，很可表出易卜生所作文学的根本方法。这本戏的主人翁是一个美术家，费了全副精神，雕成一副像，名为“复活日”。这位美术家自己说他这副雕像的历史道：

> 我那时年纪还轻，不懂得世事。我以为这“复活日”应该是一个极精致，极美的少女像，不带着一毫人世的经验，平空地醒来，自然光明庄严，没有什么过恶可除。……但是我后来

---

* 本文作于1918年5月16日，1921年4月26日修改，原题为《易卜生主义》。原载1918年6月15日《新青年》第四卷第6号。录自《胡适全集》第1卷，安徽教育出版社2003年版。现标题为本书编者所加。

① 易卜生(1828—1906)，挪威著名剧作家，现实主义戏剧的创始人。其剧作《玩偶世家》1914年在中国首演产生很大影响。鲁迅是第一个介绍和评论易卜生的中国人；胡适的《易卜生主义》是中国第一篇评析易卜生的文章，对中国人接受易卜生产生了重大影响。

那几年，懂得些世事了，才知道这“复活日”不是这样简单的，原来是很复杂的。……我眼里所见的人情世故，都到我理想中来，我不能不把这些现状包括进去。我只好把这像的座子放大了，放宽了。

我在那座子上雕了一片曲折爆裂的地面。从那地的裂缝里，钻出来无数模糊不分明，人身兽面的男男女女。这都是我在世间亲自见过的男男女女。（二幕）

这是“易卜生主义”的根本方法。那不带一毫人世罪恶的少女像，是指那盲目的理想派文学。那无数模糊不分明，人身兽面的男男女女，是指写实派的文学。易卜生早年和晚年的著作虽不能全说是写实主义，但我们看他极盛时期的著作，尽可以说，易卜生的文学，易卜生的人生观，只是一个写实主义。一八八二年，他有一封信给一个朋友，信中说道：

我做书的目的，要使读者人人心中都觉得他所读的全是实事。（《尺牍》第159号）

人生的大病根在于不肯睁开眼睛来看世间的真实现状。明明是男盗女娼的社会，我们偏说是圣贤礼义之邦；明明是赃官污吏的政治，我们偏要歌功颂德；明明是不可救药的大病，我们偏说一点病都没有！却不知道：若要病好，须先认有病；若要政治好，须先认现今的政治实在不好；若要改良社会，须先知道现今的社会实在是男盗女娼的社会！易卜生的长处，只在他肯说老实话，只在他能把社会种种腐败龌龊的实在情形写出来叫大家仔细看。他并不是爱说社会的坏处，他只是不得不说。一八八〇年，他对一个朋友说：

我无论作什么诗，编什么戏，我的目的只要我自己精神

上的舒服清净。因为我们对于社会的罪恶，都脱不了干系的。（《尺牍》第148号）

因为我们对于社会的罪恶都脱不了干系，故不得不说老实话。

二

我们且看易卜生写近世的社会，说的是一些什么样的老实话。第一，先说家庭。

易卜生所写的家庭，是极不堪的。家庭里面，有四种大恶德：一是自私自利；二是倚赖性，奴隶性；三是假道德，装腔作戏；四是懦怯没有胆子。做丈夫的便是自私自利的代表。他要快乐，要安逸，还要体面，所以他要娶一个妻子。正如《娜拉》戏中的郝尔茂，他觉得同他的妻子有爱情是很好玩的。他叫他妻子做“小宝贝”，“小鸟儿”，“小松鼠儿”，“我的最亲爱的”等等肉麻名字。他给他妻子一点钱去买糖吃，买粉搽，买好衣服穿。他要他妻子穿得好看，打扮的标致。做妻子的完全是一个奴隶。她丈夫喜欢什么，她也该喜欢什么：她自己是不许有什么选择的。她的责任在于使丈夫欢喜。她自己不用有思想：她丈夫会替她思想。她自己不过是她丈夫的玩意儿，很像叫花子的猴子专替他变把戏引人开心的（所以《娜拉》又名《玩物之家》）。丈夫要妻子守节，妻子却不能要丈夫守节，正如《群鬼》（*Ghosts*）戏里的阿尔文夫人受不过丈夫的气，跑到一个朋友家去；那位朋友是个牧师，很教训了她一顿，说她不守妇道。但是阿尔文夫人的丈夫专在外面偷妇人，甚至淫乱他妻子的婢女；人家都毫不介意，那位牧师朋友也觉得这是男人常有的事，不足为奇！妻子对丈夫，什么都可以牺牲；丈夫对妻子，是不犯着牺牲什么的，《娜拉》戏内的娜拉因为要救她丈夫的生命，所以冒她父亲的名字，签了借据去借钱。后来事体闹穿了，她丈夫不但不肯替娜拉分担冒名的干系，还要痛骂她带累他自己的名誉。后来和平了结了，没有危险了，她丈夫又装出大度的样子，说不追究她的错处了。他得意扬扬的说道：“一个男人赦了他妻子的过犯是很畅快的事！”（《娜拉》三幕）

这种极不堪的情形，何以居然忍耐得住呢？第一，因为人都要顾面子，不得不装腔做戏，做假道德遮着面孔。第二，因为大多数的人都是没有胆子的懦夫。因为要顾面子，故不肯闹翻；因为没有胆子，故不敢闹翻。那《娜拉》戏里的娜拉忽然看破家庭是一座做猴子戏的戏台，她自己是台上的猴子。她有胆子，又不肯再装假面子，所以告别了掌班的，跳下了戏台，去干她自己的生活。那《群鬼》戏里的阿尔文夫人没有娜拉的胆子，又要顾面子，所以被她的牧师朋友一劝，就劝回头了，还是回家去尽她的“天职”，守她的“妇道”。她丈夫仍旧做那种淫荡的行为。阿尔文夫人只好牺牲自己的人格，尽力把他羁縻在家。后来生下一个儿子，他母亲恐怕他在家学了他父亲的坏榜样，所以到了七岁便把他送到巴黎去。她一面要哄她丈夫在家，一面要在外边替她丈夫修名誉，一面要骗她儿子说他父亲是怎样一个正人君子。这种情形，过了十九个足年，她丈夫才死。死后，他妻子还要替他装面子，花了许多钱，造了一所孤儿院，作她亡夫的遗爱。孤儿院造成了，她把儿子唤回来参与孤儿院落成的庆典。谁知她儿子从胎里就得了他父亲的花柳病的遗毒，变成一种脑腐症，到家没几天，那孤儿院也被火烧了，她儿子的遗传病发作，脑子坏了，就成了疯人了。这是没有胆子，又要顾面子的结局。这就是腐败家庭的下场！

三

其次，且看易卜生的社会的三种大势力。那三种大势力：一是法律，二是宗教，三是道德。

第一，法律 法律的效能在于除暴去恶，禁民为非。但是法律有好处也有坏处。好处在于法律是无有偏私的；犯了什么法，就该得什么罪。坏处也在于此。法律是死板板的条文，不通人情世故；不知道一样的罪名却有几等几样的居心，有几等几样的境遇情形；同犯一罪的人却有几等几样的知识程度。法律只说某人犯了某法的某某篇某某章某某节，该得某某罪，全不管犯罪的人的知识不同，境遇不同，居心不同。《娜拉》戏里有两件冒名签字的事：一件是一个律师做的，一件是一个不懂法律的妇人做的。那律师犯这罪全由于自私自利，那妇人犯这罪全因为她要救她丈夫的性命。但是法律全不问这些区别。请看这两个“罪人”讨论这个问题：

律师　郝夫人，你好像不知道你犯了什么罪，我老实对你说，我犯的那桩使我一生声名扫地的事，和你所做的事恰恰相同，一毫也不多，一毫也不少。

娜拉　你！难道你居然也敢冒险去救你妻子的命吗？

律师　法律不管人的居心如何。

娜拉　如此说来，这种法律是笨极了。

律师　不问它笨不笨，你总要受它的裁判。

娜拉　我不相信。难道法律不许做女儿的想个法子免得他临死的父亲烦恼吗？难道法律不许做妻子的救她丈夫的命吗？我不大懂得法律，但是我想总该有这种法律承认这些事的。你是一个律师，你难道不知道有这样的法律吗？柯先生，你真是一个不中用的律师了。（《娜拉》一幕）

最可怜的是世上真没有这种人情人理的法律！

第二，宗教 易卜生眼里的宗教久已失了那种可以感化人的能力；久已变成毫无生气的仪节信条，只配口头念得烂熟，却不配使人奋发鼓舞了。《娜拉》戏里说：

郝尔茂 你难道没有宗教吗？

娜　拉 我不很懂得究竟宗教是什么东西。我只知道我进教是那位牧师告诉我的一些话。他对我说宗教是这个，是那个，是这样，是那样。（三幕）

如今人的宗教，都是如此，你问他信什么教，他就把他的牧师或是他的先生告诉他的话背给你听。他会背耶稣的祈祷文，他会念阿弥陀佛，他会背一部《圣谕广训》。这就是宗教了！

宗教的本意，是为人而作的，正如耶稣说的，“礼拜是为人造的，不是人为礼拜造的”。不料后世的宗教处处与人类的天性相反，处处反乎人情。如《群鬼》戏中的牧师，逼着阿尔文夫人回家去受那荡子丈夫的待遇，去受那十九年极不堪的惨痛。那牧师说，宗教不许人求快乐；求快乐便是受了恶魔的魔力了。他说，宗教不许做妻子的批评她丈夫的行为。他说，宗教教人无论如何总要守妇道，总须尽责任。那牧师口口声声所说是“是”的，阿尔文夫人心中总觉得都是“不是”的。后来阿尔文夫人仔细去研究那牧师的宗教，忽然

大悟。原来那些教条都是假的，都是“机器造的”！（《群鬼》二幕）

但是这种机器造的宗教何以居然能这样兴旺呢？原来现在的宗教虽没有精神上的价值，却极有物质上的用场。宗教是可以利用的，是可以使人发财得意的。那《群鬼》戏里的木匠，本是一个极下流的酒鬼，卖妻卖女都肯干的。但是他见了那位道学的牧师，立刻就装出宗教家的样子，说宗教家的话，做宗教家的唱歌祈祷，把这位蠢牧师哄得滴溜溜的转（二幕）。那《罗斯马庄》（*Rosmersholm*）戏里面的主人翁罗斯马本是一个牧师，后来他的思想改变了，遂不信教了。他那时想加入本地的自由党，不料党中的领袖却不许罗斯马宣告他脱离教会的事。为什么呢？因为他们党里很少信教的人，故想借罗斯马的名誉来号召那些信教的人家。可见宗教的兴旺，并不是因为宗教真有兴旺的价值，不过是因为宗教有可以利用的好处罢了。

第三，道德　法律宗教既没有裁制社会的本领，我们且看“道德”可有这种本事。据易卜生看来，社会上所谓“道德”不过是许多陈腐的旧习惯。合于社会习惯的，便是道德；不合于社会习惯的，便是不道德。正如我们中国的老辈人看见少年男女实行自由结婚，便说是“不道德”。为什么呢？因为这事不合于“父母之命，媒妁之言”的社会习惯。但是这班老辈人自己讨许多小老婆，却以为是很平常的事，没有什么不道德。为什么呢？因为习惯如此。又如中国人死了父母，发出讣书，人人都说“泣血稽颡”，“苫块昏迷”。其实他们何尝泣血？又何尝“寝苫枕块”？这种自欺欺人的事，人人都以为是“道德”，人人都不以为羞耻。为什么呢？因为社会的习惯如此，所以不道德的也觉得道德了。

这种不道德的道德，在社会上，造出一种诈伪不自然的伪君子。

面子上都是仁义道德，骨子里都是男盗女娼。易卜生最恨这种人。他有一本戏，叫做《社会的栋梁》(*Pillars of Society*)。戏中的主人名叫褒匿，是一个极坏的伪君子；他犯了一桩奸情，却让他兄弟受这恶名，还要诬赖他兄弟偷了钱跑脱了。不但如此，他还雇了一只烂脱底的船送他兄弟出海，指望把他兄弟和一船的人都沉死在海底，可以灭口。

这样一个大奸，面子上却做得十分道德，社会上都尊敬他，称他做“全市第一个公民”，“公民的模范”，“社会的栋梁”！他谋害他兄弟的那一天，本城的公民，聚了几千人，排起队来，打着旗，奏着军乐，上他的门来表示社会的敬意，高声喊道，“褒匿万岁！社会的栋梁褒匿万岁！”

这就是道德!

四

其次，我们且看易卜生写个人与社会的关系。

易卜生的戏剧中，有一条极显而易见的学说，是说社会与个人互相损害；社会最爱专制，往往用强力摧折个人的个性，压制个人自由独立的精神；等到个人的个性都消灭了，等到自由独立的精神都完了，社会自身也没有生气了，也不会进步了。社会里有许多陈腐的习惯，老朽的思想，极不堪的迷信，个人生在社会中，不能不受这些势力的影响。有时有一两个独立的少年，不甘心受这种陈腐规矩的束缚，于是东冲西突想与社会作对。上文所说的褒匿，当少年时，也曾想和社会反抗。但是社会的权力很大，网罗很密；个人的能力有限，如何是社会的敌手？社会对个人道：“你们顺我者生，逆我者死；顺我者有赏，逆我者有罚。”那些和社会反对的少年，一个一个的都受家庭的责备，遭朋友的怨恨，受社会的侮辱驱逐。再看那些奉承社会意旨的人，一个个的都升官发财，安富尊荣了。当此境地，不是顶天立地的好汉，决不能坚持到底。所以像褒匿那般人，做了几时的维新志士，不久也渐渐的受社会同化，仍旧回到旧社会去做“社会的栋梁”了。社会如同一个大火炉，什么金银铜铁锡，进了炉子，都要熔化。易卜生有一本戏叫做《雁》(*The Wild Duck*)，写一个人捉到一只雁，把它养在楼上半阁里，每天给它一桶水，让它在水里打滚游戏。那雁本是一个海阔天空逍遥自得的飞鸟，如今在半阁里关久了，也会生活，也会长得胖胖的，后来竟完全忘记了它从前那种海阔天空来去自由的乐处了！个人在社会里，就同这雁在人家半阁上一般，起初未必满意，久而久之，也就惯了，也渐渐的把黑暗世界当作安乐窝了。

社会对于那班服从社会命令，维持陈旧迷信，传播腐败思想的人，一个一个的都有重赏。有的发财了，有的升官了，有的享大名誉了。这些人有了钱，有了势，有了名誉，就像老虎长了翅膀，更可横行无忌了，更可借着“公益”的名义去骗人钱财，害人生命，做种种无法无天的行为。易卜生的《社会的栋梁》和《博克曼》(*John Gabriel Borkman*)两本戏的主人翁都是这种人物。他们钱赚得够了，然后掏出几个小钱来，开一个学堂，造一所孤儿院，立一个公共游戏场，“捐二十镑金去买面包给贫人吃”(用《社会的栋梁》二幕中语)。于是社会格外恭维他们，打着旗子，奏着军乐，上他们家来，大喊“社会的栋梁万岁！”

那些不懂事又不安分的理想家，处处和社会的风俗习惯反对，是该受重罚的。执行这种重罚的机关，便是“舆论”，便是大多数的“公论”。世间有一种最通行的迷信，叫做“服从多数的迷信”。人都以为多数人的公论总是不错的。易卜生绝对的不承认这种迷信。他说“多数党总在错的一边，少数党总在不错的一边”（《国民公敌》五幕）。一切维新革命，都是少数人发起的，都是大多数人所极力反对的。大多数人总是守旧麻木不仁的；只有极少数人，有时只有一个人，不满意于社会的现状，要想维新，要想革命。这种理想家是社会所最忌的。大多数人都骂他是“捣乱分子”，都恨他“扰乱治安”，都说他“大逆不道”；所以他们用大多数的专制威权去压制那“捣乱”的理想志士，不许他开口，不许他行动自由；把他关在监牢里，把他赶出境去，把他杀了，把他在十字架上活活的钉死，把他捆在柴草上活活的烧死。过了几十年几百年，那少数的人主张渐渐的变成多数人的主张了，于是社会的多数人又把他们从前杀死钉死烧死的那些“捣乱分子”一个一个的重新推崇起来，替他们修墓，替他们作传，替他们立庙，替他们铸铜像。却不知道从前那种“新”思想，到了这时候，又早已成了“陈腐的”迷信！当他们替从前那些特立独行的人修墓铸铜像的时候，社会里早已发生了几个新派少数人，又要受他们杀死钉死烧死的刑罚了！所以说“多数党总是错的，少数党总是不错的”。

易卜生有一本戏叫做《国民公敌》，里面写的就是这个道理。这本戏的主人翁斯铎曼医生从前发现本地的水可以造成几处卫生浴池。本地的人听了他的话，觉得有利可图，便集了资本造了几处卫生浴池。后来四方人闻了这浴池之名，纷纷来这里避暑养病。来的人多了，本地的商业市面便渐渐发达兴旺。斯铎曼医生便做了浴池的官医。后来洗浴的人之中，忽然发生一种流行病症；经这位医生仔细考察，知道这病症是从浴池的水里来的，他便装了一瓶水寄与大学的化学师请他化验。化验出来，才知道浴池的水管安的太低了，上流的污秽，停积在浴池里，发生一种传染病的微生物，极有害于公众卫生。斯铎曼医生得了这种科学证据，便做了一篇切切实实的报告书，请浴池的董事会把浴池的水管重行改造，以免妨碍卫生。不料改造浴池须要花费许多钱，又要把浴池闭歇一两年；浴池一闭歇，本地的商务便要受许多损失。所以本地的人全体用死力反对斯铎曼医生的提议。他们宁可听那些来避暑养病的人受毒病死，却不情愿受这种金钱的损失，所以他们用大多数的专制威权压制这位说老实话的医生，不许他开口。他做了报告，本地的报馆都不肯登载。他要自己印刷，印刷局也不肯替他印。他要开会演说，全城的人都不把空屋借他做会场。后来好容易找到了一所会场，开了一个公民会议，会场上的人不但不听他的老实话，还把他赶下台去，由全体一致表决，宣告斯铎曼医生从此是国民的公敌。他逃出会场，把裤子都撕破了，还被众人赶到他家，用石头掷他，把窗户都打碎了。到了明天，本地政府革了他的官医；本地商民发了传单不许人请他看病；他的房东请他赶快搬出屋去；他的女儿在学堂教书，也被校长辞退了。这就是"特立独行"的好结果！这就是大多数惩罚少数"捣乱分子"的辣手段！

五

其次，我们且说易卜生的政治主义。易卜生的戏剧不大讨论政治问题，所以我们须要用他的《尺牍》（*Letters*，ed. by his son, Sigurd Ibsen,English Trans, 1905）做参考的材料。

易卜生起初完全是一个主张无政府主义的人。当普法之战

（1870 至 1871 年）时，他的无政府主义最为激烈。一八七一年，他有信与一个朋友道：

……个人绝无做国民的需要。不但如此，国家简直是个人的大害。请看普鲁士的国力，不是牺牲了个人的个性去买来的吗？国民都成了酒馆里跑堂的了，自然个个是好兵了。再看犹太民族：岂不是最高贵的人类吗？无论受了何种野蛮的待遇，那犹太民族还能保存本来的面目。这都因为他们没有国家的原故。国家总得毁去。这种毁除国家的革命，我也情愿加入。毁去国家观念，单靠个人的情愿和精神上的团结做人类社会的基本，——若能做到这步田地，这可算得有价值的自由起点。那些团体的变迁，换来换去，都不过是弄把戏，——都不过是全无道理的胡闹。（《尺牍》第 79）

易卜生的纯粹无政府主义，后来渐渐的改变了。他亲自看见巴黎“市民政府”（commune）的完全失败（1871），便把他主张无政府主义的热心减了许多（《尺牍》第 81）。到了一八八四年，他写信给他的朋友说，他在本国若有机会，定要把国中无权的人民联合成一个大政党，主张极力推广选举权，提高妇女的地位，改良国家教育，要使脱除一切中古陋习（《尺牍》第 178）。这就不是无政府的口气了。但是他自己到底不曾加入政党。他以为加入政党是很下流的事（《尺牍》）第 158）。他最恨那班政客，他以为“那班政客所力争的，全是表面上的权利，全是胡闹。最要紧的是人心的大革命。”（《尺牍》第 77）

易卜生从来不主张狭义的国家主义，从来不是狭义的爱国者。一八八八年，他写信给一个朋友说道：

知识思想略为发达的人，对于旧式的国家观念，总不满意。

我们不能以为有了我们所属的政治团体便足够了。据我看来，国家观念不久就要消灭了，将来定有人种观念起来代它。即以我个人而论，我已经过这种变化。我起初觉得我是那威[①]国人，后来变成斯堪丁纳维亚人（**那威与瑞典总名斯堪丁纳维亚**），我现在已成了条顿人了。（《尺牍》第 208）

这是一八八八年的话。我想易卜生晚年临死的时候（1906），一定已进到世界主义的地步了。

六

我开篇便说过易卜生的人生观只是一个写实主义。易卜生把家庭、社会的实在情形都写了出来，叫人看了动心，叫人看了觉得我们的家庭社会原来是如此黑暗腐败，叫人看了觉得家庭社会真正不得不维新革命：——这就是“易卜生主义”。表面上看去，像是破坏的，其实完全是建设的。譬如医生诊了病，开了一个脉案，把病状详细写出，这难道是消极的破坏的手续吗？但是易卜生虽开了许多脉案，却不肯轻易开药方。他知道人类社会是极复杂的组织，有种种绝不相同的境地，有种种绝不相同的情形。社会的病，种类纷繁，决不是什么“包医百病”的药方所能治得好的。因此他只好开了脉案，说出病情，让病人各人自己去寻医病的药方。

虽然如此，但是易卜生生平却也有一种完全积极的主张。他主张个人须要充分发达自己的天才性，须要充分发展自己的个性。他

① 那威今通译挪威。

有一封信给他的朋友白兰戴说道：

> 我所最期望于你的是一种真益纯粹的为我主义。要使你有时觉得天下只有关于我的事最要紧，其余的都算不得什么。……你要想有益于社会，最好的法子莫如把你自己这块材料铸造成器。……有的时候我真觉得全世界都像海上撞沉了船，最要紧的还是救出自己。(《尺牍》第84)

最可笑的是有些人明知世界“陆沉”，却要跟着“陆沉”，跟着堕落，不肯“救出自己”！却不知道社会是个人组成的，多救出一个人便是多备下一个再造新社会的分子。所以孟轲说“穷则独善其身”，这便是易卜生所说“救出自己”的意思。这种“为我主义”，其实是最有价值的利人主义。所以易卜生说，“你要想有益于社会，最妙的法子莫如把你自己这块材料铸造成器。”《娜拉》戏里，写娜拉抛了丈夫儿女飘然而去，也只为要“救出自己”。那戏中说：

> 郝尔茂　……你就是这样抛弃你的最神圣的责任吗？
>
> 娜　拉　你以为我的最神圣的责任是什么？
>
> 郝　还等我说吗？可不是你对于你的丈夫和你的儿女的责任吗？
>
> 娜　我还有别的责任同这些一样的神圣。
>
> 郝　没有的。你且说，那些责任是什么？
>
> 娜　是我对于我自己的责任。
>
> 郝　最要紧的，你是一个妻子，又是一个母亲。
>
> 娜　这种话我现在不相信了。我相信第一我是个人正同你一样。——无论如何，我务必努力做一个人。
>
> （三幕）

一八八二年，易卜生有信给朋友道：

> 这样生活，须使各人自己充分发展：——这是人类功业顶高的一层；这是我们大家都应该做的事。(《尺牍》第164)

社会最大的罪恶莫过于摧折个人的个性，不使他自由发展。那本《雁》戏所写的只是一件摧残个人才性的惨剧。那戏写一个人少年时本极有高尚的志气，后来被一个恶人害得破家荡产，不能度日；那恶人又把他自己通奸有孕的下等女子配给他做妻子，从此家累日重一日，他的志气便日低一日。到了后来，他堕落深了，竟变成了一个懒人懦夫，天天受那下贱妇人和两个无赖的恭维，他洋洋得意的觉得这种生活很可以终身了。所以那本戏借一个雁做比喻：那雁在半阁上关得久了，它从前那种高飞远举的志气全消灭了，居然把人家的半阁做它的极乐国了！

发展个人的个性，须要有两个条件。第一，须使个人有自由意志。第二，须使个人担干系，负责任。《娜拉》戏中写郝尔茂的最大错处只在他把娜拉当作"玩意儿"看待，既不许她有自由意志，又不许她担负家庭的责任，所以娜拉竟没有发展她自己个性的机会。所以娜拉一旦觉悟时，恨极她的丈夫，决意弃家远去。也正为这个原故，易卜生又有一本戏，叫做《海上夫人》(*The Lady from the Sea*)，里面写一个女子哀梨妲少年时嫁给人家做后母，她丈夫和前妻的两个女儿看她年纪轻，不让她管家务，只叫她过安闲日子。哀梨妲在家觉得做这种不自由的妻子，不负责任的后母，是极没趣的事。因此他天天想跟人到海外去过那海阔天空的生活。她丈夫越不许她自由，她偏越想自由。后来她丈夫知道留她不住，只得许她自由出去。她丈夫说道：

丈　夫　……我现在立刻和你毁约，现在你可以有完全自由拣定你自己的路子。……现在你可以自己决定，你有完全的自由，你自己担干系。

哀梨妲　完全自由！还要自己担干系！还担干系咧！有这么一来，样样事都不同了。

哀梨妲有了自由又自己负责任了，忽然大变了，也不想那海上的生活了，决意不跟人走了（《海上夫人》第五幕）。这是为什么呢?因为世间只有奴隶的生活是不能自由选择的，是不用担干系的。个人若没有自由权，又不负责任，便和做奴隶一样，所以无论怎样好玩，无论怎样高兴，到底没有真正乐趣，到底不能发展个人的人格。所以哀梨妲说，有了完全自由，还要自己担干系，有这么一来，样样事都不同了。

家庭是如此，社会国家也是如此。自治的社会，共和的国家，只是要个人有自由选择之权，还要个人对于自己所行所为都负责任。若不如此，决不能造出自己独立的人格。社会国家没有自由独立的人格，如同酒里少了酒曲，面包里少了酵，人身上少了脑筋：那种社会国家决没有改良进步的希望。

所以易卜生的一生目的只是要社会极力容忍，极力鼓励斯铎曼医生一流的人物（斯铎曼事见上文四节）；要想社会上生出无数永不知足，永不满意，敢说老实话攻击社会腐败情形的"国民公敌"；要想社会上有许多人都能像斯铎曼医生那样宣言道："世上最强有力的人就是那个最孤立的人！"

社会国家是时刻变迁的，所以不能指定哪一种方法是救世的良药：十年前用补药，十年后或者须用泄药了；十年前用凉药，十年后或者须用热药了。况且各地的社会国家都不相同，适用于日本的药，未必完全适用于中国；适用于德国的药，未必适用于美国。只有康有为那种“圣人”，还想用他们的“戊戌政策”来救戊午的中国；只有辜鸿铭那班怪物，还想用二千年前的“尊王大义”来施行于二十世纪的中国。易卜生是聪明人，他知道世上没有“包医百病”的仙方，也没有“施诸四海而皆准，推之百世而不悖”的真理。因此他对于社会的种种罪恶污秽，只开脉案，只说病状，却不肯下药。但他虽不肯下药，却到处告诉我们一个保卫社会健康的卫生良法。他仿佛说道：“人的身体全靠血里面有无量数的白血轮时时刻刻与人身的病菌开战，把一切病菌扑灭干净，方才可使身体健全，精神充足。社会国家的健康也全靠社会中有许多永不知足，永不满意，时刻与罪恶分子龌龊分子宣战的白血轮，方才有改良进步的希望。我们若要保卫社会的健康，须要使社会里时时刻刻有斯铎曼医生一般的白血轮分子。但使社会常有这种白血轮精神，社会决没有不改良进步的道理。”一八八三年，易卜生写信给朋友道：

> 十年之后，社会的多数人大概也会到了斯铎曼医生开公民大会时的见地了。
>
> 但是这十年之中，斯铎曼自己也刻刻向前进；所以到了十年之后，他的见地仍旧比社会的多数人还高十年。即以我个人而论，我觉得时时刻刻总有进境。我从前每作一本戏时的主张，如今都已渐渐变成了很多数人的主张，但是等到他们赶到那里时，我久已不在那里了。我又到别处去了。我希望我总是向前去了。(《尺牍》第172)

我的人生观和宗教*

其实人生不是梦，也不是戏，是一件最严重的事实。你种谷子，便有人充饥；你种树，便有人砍柴，便有人乘凉；你拆烂污，便有人遭瘟；你放野火，便有人烧死。你种瓜便得瓜，种豆便得豆，种荆棘便得荆棘。

《科学与人生观》序、不朽、易卜生主义这三篇代表我的人生观，代表我的宗教。

《易卜生主义》一篇写的最早，最初的英文稿是民国三年在康奈尔大学哲学会宣读的，中文稿是民国七年写的。易卜生最可代表十九世纪欧洲的个人主义的精华，故我这篇文章只写得一种健全的个人主义的人生观。这篇文章在民国七八年间所以能有最大的兴奋作用和解放作用，也正是因为它所提倡的个人主义在当日确是最新鲜又最需要的一针注射。

娜拉抛弃了家庭丈夫儿女，飘然而去，只因为她觉悟了她自己也是一个人，只因为她感觉到她“无论如何，务必努力做一个人”。这便是易卜生主义。易卜生说：

> 我所最期望于你的是一种真实纯粹的为我主义，要使你

* 本文原为《介绍我自己的思想》之第二部分，节选自《胡适全集》第 4 卷，安徽教育出版社 2003 年版。现题是本书编者所加。

有时候觉得天下只有关于你的事最要紧，其余的都算不得什么。……你要想有益于社会，最好的法子莫如把你自己这块材料铸造成器……有的时候我真觉得全世界都像海上撞沉了船，最要紧的还是救出自己。（页一三〇）

这便是最健全的个人主义。救出自己的唯一法子便是把你自己这块材料铸造成器。

把自己铸造成器，方才可以希望有益于社会。真实的为我，便是最有益的为人。把自己铸造成了自由独立的人格，你自然会不知足，不满意于现状，敢说老实话，敢攻击社会上的腐败情形，做一个“贫贱不能移，富贵不能淫，威武不能屈”的斯铎曼医生。斯铎曼医生为了说老实话，为了揭穿本地社会的黑幕，遂被全社会的人喊作“国民公敌”。但他不肯避“国民公敌”的恶名，他还要说老实话。他大胆的宣言：

世上最强有力的人就是那最孤立的人！

这也是健全的个人主义的真精神。

这个个人主义的人生观一面教我们学娜拉，要努力把自己铸造成个人；一面教我们学斯铎曼医生，要特立独行，敢说老实话，敢向恶势力作战。少年的朋友们，不要笑这是十九世纪维多利亚时代的陈腐思想！我们去维多利亚时代还老远哩。欧洲有了十八九世纪的个人主义，造出了无数爱自由过于面包，爱真理过于生命的特立独行之士，方才有今日的文明世界。

现在有人对你们说：“牺牲你们个人的自由，去求国家的自由！”我对你们说：“争你们个人的自由，便是为国家争自由！争你们自己的人格，便是为国家争人格！自由平等的国家不是一群奴才建造得起来的！”

《科学与人生观序》一篇略述民国十二年的中国思想界里的一场大论战的背景和内容。（**我盼望读者能参读《文存》、三集里《几个反理学的思想家》的吴敬恒一篇，页一五一——一八六**。）在此序的末段，我提出我所谓“自然主义的人生观”。（**页九二——九五**）这不过是一个轮廓，我希望少年的朋友们不要仅仅接受这个轮廓，我希望他们能把这十条都拿到科学教室和实验室里去细细证实或否证。

这十条的最后一条是：

> 根据于生物学及社会学的知识，叫人知道个人——“小我”——是要死灭的，而人类——“大我”——是不死的，不朽的；叫人知道“为全种万世而生活”就是宗教，就是最高的宗教；而那些替个人谋死后的天堂净土的宗教乃是自私自利的宗教。

这个意思在这里说的太简单了，读者容易起误解。所以我把《不朽》一篇收在后面，专说明这一点。

我不信灵魂不朽之说，也不信天堂地狱之说，故我说这个小我是会死灭的。死灭是一切生物的普遍现象，不足怕，也不足惜。但个人自有他的不死不灭的部分：他的一切作为，一切功德罪恶，一切语言行事，无论大小，无论善恶，无论是非，都在那大我上留下不能磨灭的结果和影响。他吐一口痰在地上，也许可以毁灭一村一族。他起一个念头，也许可以引起几十年的血战。他也许“一言可以兴邦，一言可以丧邦”。善亦不朽，恶亦不朽；功盖万世固然不朽，种一担谷子也可以不朽，喝一杯酒，吐一口痰也可以不朽。古人说，“一出言而不敢忘父母，一举足而不敢忘父母。”我们应该说，“说一句话而不敢忘这句话的社会影响，走一步路而不敢忘这步路的社会影响。”这才是对于大我负责任。能如此做，便是道德，便是宗教。

这样说法，并不是推崇社会而抹煞个人。这正是极力抬高个人的重要。个人虽渺小，而他的一言一动都在社会上留下不朽的痕迹，芳不止流百世，臭也不止遗万年，这不是绝对承认个人的重要吗？成功不必在我，也许在我千百年后，但没有我也决不能成功。毒害不必在眼前，“我躬不阅，遑恤我后”！然而我岂能不负这毒害的责任？今日的世界便是我们的祖宗积的德，造的孽。未来的世界全看我们自己积什么德或造什么孽。世界的关键全在我们手里，真如古人说的“任重而道远”，我们岂可错过这绝好的机会，放下这绝重大的担子？

有人对你说，“人生如梦”。就算是一场梦罢，可是你只有这一个做梦的机会。岂可不振作一番，做一个痛痛快快轰轰烈烈的梦？

有人对你说，“人生如戏”。就说是做戏罢，可是，吴稚晖先生说的好，“这唱的是义务戏，自己要好看才唱的；谁便无端的自己扮做跑龙套，辛苦的出台，止算做没有呢？”

其实人生不是梦，也不是戏，是一件最严重的事实。你种谷子，便有人充饥；你种树，便有人砍柴，便有人乘凉；你拆烂污，便有人遭瘟；你放野火，便有人烧死。你种瓜便得瓜，种豆便得豆，种荆棘便得荆棘。少年的朋友们，你爱种什么？你能种什么？

新生活*

我为什么要干这个？为什么不干那个？回答得出，方可算是一个人的生活。

我们希望中国人都能做这种有意思的新生活。

哪样的生活可以叫做新生活呢？

我想来想去，只有一句话。新生活就是有意思的生活。

你听了，必定要问我，有意思的生活又是什么样子的生活呢？

我且先说一两件实在的事情做个样子，你就明白我的意思了。

前天你没有事做，闲的不耐烦了，你跑到街上一个小酒店里，打了四两白干，喝完了，又要四两，再添上四两。喝的大醉了，同张大哥吵了一回嘴，几乎打起架来。后来李四哥来把你拉开，你气忿忿的又要了四两白干，喝的人事不知，幸亏李四哥把你扶回去睡了。昨儿早上，你酒醒了，大嫂子把前天的事告诉你，你懊悔的很，自己埋怨自己："昨儿为什么要喝那么多酒呢？可不是糊涂吗？"

你赶上张大哥家去，作了许多揖，赔了许多不是，自己怪自己糊涂，请张大哥大量包涵。正说时，李四哥也来了，王三哥也来

---

* 本文写于1919年8月8日，专为《新生活》杂志第1期所做，原载1919年8月24日《新生活》第1期。录自《胡适全集》第1卷，安徽教育出版社2003年版。

了，他们三缺一，要你陪他们打牌。你坐下来，打了十二圈牌，输了一百多吊钱。你回得家来，大嫂子怪你不该赌博，你又懊悔的很，自己怪自己道：“是呵，我为什么要陪他们打牌呢？可不是糊涂吗？”

诸位，像这样子的生活，叫做糊涂生活，糊涂生活便是没有意思的生活。你做完了这种生活，回头一想，“我为什么要这样干呢？”你自己也回不出究竟为什么。

诸位，凡是自己说不出“为什么这样做”的事，都是没有意思的生活。

反过来说，凡是自己说得出“为什么这样做”的事，都可以说是有意思的生活。

生活的“为什么”，就是生活的意思。

人同畜牲的分别，就在这个“为什么”上。你到万牲园里去看那白熊一天到晚摆来摆去不肯歇，那就是没有意思的生活。我们做了人，应该不要学那些畜牲的生活。畜牲的生活只是糊涂，只是胡混，只是不晓得自己为什么如此做。一个人做的事应该件件事回得出一个“为什么”。

我为什么要干这个？为什么不干那个？回答得出，方才可算是一个人的生活。

我们希望中国人都能做这种有意思的新生活。其实这种新生活并不十分难，只消时时刻刻问自己为什么这样做，为什么不那样做，就可以渐渐的做到我们所说的新生活了。

诸位，千万不要说“为什么”这三个字是很容易的小事。你打今天起，每做一件事，便问一个为什么，——为什么不把辫子剪了？为什么不把大姑娘的小脚放了？为什么大嫂子脸上搽那么多的脂粉？为什么出棺材要用那么多叫花子？为什么娶媳妇也要用那么多叫花子？为什么骂人要骂他的爹娘？为什么这个？为什么那个？——你试办一两天，你就会觉得这三个字的趣味真是无穷无尽，这三个字的功用也无穷无尽。

诸位，我们恭恭敬敬的请你们来试试这种新生活。

非个人主义的新生活*

这种生活是一种"社会的新生活"；是站在这个现社会里奋斗的生活；是霸占住这个社会来改造这个社会的新生活。

本篇有两层意思。一是表示我不赞成现在一般有志青年所提倡，我所认为"个人主义的"新生活。一是提出我所主张的"非个人主义的"新生活，就是"社会的"新生活。

先说什么叫做"个人主义"（individualism）。一月二［日］夜（就是我在天津讲演前一晚），杜威博士在天津青年会讲演"真的与假的个人主义"，他说：个人主义有两种：

一、假的个人主义——就是为我主义（egoism）。他的性质是自私自利：只顾自己的利益，不管群众的利益。

二、真的个人主义——就是个性主义（individuality）。他的特性有两种：一是独立思想，不肯把别人的耳朵当耳朵，不肯把别人的眼睛当眼睛，不肯把别人的脑力当自己的脑力；二是个人对于自己

* 本文成于1920年1月26日，此前胡适曾在天津、唐山等地以此为题作过演讲，演讲稿原载1920年1月15日上海《时事新报》，又载1920年4月1日《新潮》第二卷第3号。选自《胡适全集》第1卷，安徽教育出版社2003年版。

思想信仰的结果要负完全责任，不怕权威，不怕监禁杀身，只认得真理，不认得个人的利害。

杜威先生极力反对前一种假的个人主义，主张后一种真的个人主义。这是我们都赞成的。但是他反对的那种自私自利的个人主义的害处，是大家都明白的。因为人多明白这种主义的害处，故他的危险究竟不很大。例如东方现在实行这种极端为我主义的“财主督军”，无论他们眼前怎样横行，究竟逃不了公论的怨恨，究竟不会受多数有志青年的崇拜。所以我们可以说这种主义的危险是很有限的。但是我觉得“个人主义”还有第三派，是很受人崇敬的，是格外危险的。这一派是：

三、独善的个人主义　他的共同性质是：不满意于现社会，却又无可如何，只想跳出这个社会去寻一种超出现社会的理想生活。

这个定义含有两部分：（1）承认这个现社会是没有法子挽救的了；（2）要想在现社会之外另寻一种独善的理想生活。自有人类以来，这种个人主义的表现也不知有多少次了。简括说来，共有四种：

（一）宗教家的极乐国　如佛家的净土，犹太人的伊丁园[①]，别种宗教的天堂，天国，都属于这一派。这种理想的原起，都由于对现社会不满意。因为厌恶现社会，故悬想那些无量寿，无量光的净土；不识不知，完全天趣的伊丁园；只有快乐，毫无痛苦的天国。这种极乐国里所没有的，都是他们所厌恨的；所有的，都是他们所梦想而不能得到的。

（二）神仙生活　神仙的生活也是一种悬想的超出现社会的生活。

① 伊丁园现通译伊甸园。

人世有疾病痛苦，神仙无病长生；人世愚昧无知，神仙能知过去未来；人生不自由，神仙乘云遨游，来去自由。

（三）山林隐逸的生活 前两种是完全出世的；他们的理想生活是悬想的，渺茫的出世生活。山林隐逸的生活虽然不是完全出世的，也是不满意于现社会的表示。他们不满意于当时的社会政治，却又无能为力，只得隐姓埋名，逃出这个恶浊社会去做他们自己理想中的生活。他们不能“得君行道”，故对于功名利禄，表示藐视的态度；他们痛恨富贵的人骄奢淫逸，故说富贵如同天上的浮云，如同脚下的破草鞋。他们痛恨社会上有许多不耕而食，不劳而得的“吃白阶级”，故自己耕田锄地，自食其力。他们厌恶这污浊的社会，故实行他们理想中梅妻鹤子，渔蓑钓艇的洁净生活。

（四）近代的新村生活 近代的新村运动，如十九世纪法国、美国的理想农村，如现在日本日向的新村，照我的见解看起来，实在同山林隐逸的生活是根本相同的。那不同的地方，自然也有。山林隐逸是没有组织的，新村是有组织的：这是一种不同。隐遁的生活是同世事完全隔绝的，故有“不知有汉，遑论魏晋”的理想；现在的新村的人能有赏玩 Rodin 同 Cézanne 的幸福，还能在村外著书出报：这又是一种不同。但是这两种不同都是时代造成的，是偶然的，不是根本的区别。从根本性质上看来，新村的运动都是对于现社会不满意的表示。即如日向的新村，他们对于现在“少数人在多数人的不幸上，筑起自己的幸福”的社会制度，表示不满意，自然是公认的事实。周作人先生说日向新村里有人把中国看作“最自然，最自在的国”（《新潮》二，页七十五）。这是他们对于日本政制极不满意的一种牢骚话，很可玩味的。武者小路实笃先生一班人虽然极不满意于现社会，却又不赞成用“暴力”的改革。他们都是“真心仰慕着平和”的人。他们于无可如何之中，想出这个新村的计划来。周作人先生说，“新村的理想，要将历来非暴力不能做到的事，用和平方法得来。”（《新青年》七，二，一三四。）这个和平方法就是离开现社会，去做一种模范的生活。“只要万人真希望这种的世界，这世界便能实现。”（《新青年》同上）这句话不但是独善主义的精义，简直全是净土宗的口气了！所以我把新村来比山林隐逸，不算冤枉他；就是把他来比求净土天国的宗教运动，也不算玷辱他。不过他们的“净土”是在日向，不在西天罢了。

我这篇文章要批评的“个人主义的新生活”，就是指这一种跳出现社会的新村生活。这种生活，我认为“独善的个人主义”的一种。“独善”两个字是从孟轲“穷则独善其身”一句话上来的。有人说：新村的根本主张是要人人“尽了对于人类的义务，却又完全发展自己个性”；如此看来，他们既承认“对于人类的义务”，如何还是独善的个人主义呢？我说：这正是个人主义的证据。试看古今来主张个人主义的思想家，从希腊的“狗派”①（Cynic）以至十八九世纪的个人主义，哪一个不是一方面崇拜个人，一方面崇拜那广漠的“人类”的？主张个人主义的人，只是否认那些切近的伦谊，——或是家族，或是“社会”，或是国家，——但是因为要推翻这些比较狭小逼人的伦谊，不得不捧出那广漠不逼人的“人类”。所以凡是个人主义的思想家，没有一个不承认这个双重关系的。

新村的人主张“完全发展自己个性”，故是一种个人主义。他们

① “狗派”现通译为犬儒学派，古希腊的著名哲学派别，主张回归自然，否定社会与文明。

要想跳出现社会去发展自己个性，故是一种独善的个人主义。

这种新村的运动，因为恰合现在青年不满意于现社会的心理，故近来中国也有许多人欢迎，赞叹，崇拜。我也是敬仰武者先生一班人的，故也曾仔细考究这个问题。我考究的结果是不赞成这种运动，我以为中国的有志青年不应该仿行这种个人主义的新生活。

这种新村的运动有什么可以反对的地方呢?

第一，因为这种生活是避世的，是避开现社会的。这就是让步。这便不是奋斗。我们自然不应该提倡“暴力”，但是非暴力的奋斗是不可少的。我并不是说武者先生一班人没有奋斗的精神。他们在日本能提倡反对暴力的论调，——如《一个青年的梦》——自然是有奋斗精神的。但是他们的新村计划想避开现社会里“奋斗的生活”，去寻那现社会外“生活的奋斗”，这便是一大让步。武者先生的《一个青年的梦》里的主人翁最后有几句话，很可玩味。他说：

> ……请宽恕我的无力。——宽恕我的话的无力。但我心里所有的对于美丽的国的仰慕，却要请诸君体察的。……(《新青年》七,二,一〇二)

我们对于日向的新村应该作如此观察。

第二，在古代，这种独善主义还有存在的理由；在现代，我们就不该崇拜它了。古代的人不知道个人有多大的势力，故孟轲说：“穷则独善其身，达则兼善天下。”古人总想，改良社会是“达”了以后的事业，——是得君行道以后的事业；故承认个人——穷的个人——只能做独善的事业，不配做兼善的事业。古人错了，现在我们承认个人有许多事业可做。人人都是一个无冠的帝王，人人都可以做一些改良社会的事。去年的五四运动和六三运动，何尝是“得君行道”的人做出来的？知道个人可以做事，知道有组织的个人更可以做事，便可以知道这种个人主义的独善生活是不值得模仿的了。

第三，他们所信仰的“泛劳动主义”是很不经济的。他们主张：“一个人生存上必要的衣食住，论理应该用自己的力去得来，不该要别人代负这责任。”这话从消极一方面看，——从反对那“游民贵族”的方面看，——自然是有理的。但是从他们的积极实行方面看，他们要“人人尽劳动的义务，制造这生活的资料”，——就是衣食住的资料，——这便是“矫枉过正”了。人人要尽制造衣食住的资料的义务，就是人人要加入这生活的奋斗。（周作人先生再三说新村里平和幸福的空气，也许不承认“生活的奋斗”的话；但是我说的，并不是人同人争面包米饭的奋斗，乃是人在自然界谋生存的奋斗；周先生说新村的农作物至今还不够自用，便是一证。）现在文化进步的趋势，是要使人类渐渐减轻生活的奋斗至最低度，使人类能多分一些精力出来，做增加生活意味的事业。新村的生活使人人都要尽“制造衣食住的资料”的义务，根本上否认分工进化的道理，增加生活的奋斗，是很不经济的。

第四，这种独善的个人主义的根本观念就是周先生说的“改造社会，还要从改造个人做起。”我对于这个观念，根本上不能承认。这个观念的根本错误在于把“改造个人”与“改造社会”分作两截；在于把个人看作一个可以提到社会外去改造的东西。要知道个人是社会上种种势力的结果。我们吃的饭，穿的衣服，说的话，呼吸的空气，写的字，有的思想，……没有一件不是社会的。我曾有几句诗，说：“……此身非吾有：一半属父母，一半属朋友。”当时我以为把一半的我归功社会，总算很慷慨了。后来我才知道这点算学做错了！父母给我的真是极少的一部分。其余各种极重要的部分，如思想，信仰，知识，技术，习惯，……等等，大都是社会给我的。我穿线袜的法子是一个徽州同乡教我的；我穿皮鞋打的结能不散开，是一个美国女朋友教我的。这两件极细碎的例，很可以说明这个“我”是社会上无数势力所造成的。社会上的“良好分子”并不是生成的，也不是个人修炼成的，——都是因为造成他们的种种势力里面，良好的势力比不良的势力多些。反过来，不良的势力比良好的势力多，结果便是“恶劣分子”了。古代的社会哲学和政治哲学只为要妄想凭空改造个人，故主张正心，诚意，独善其身的办法。这种办法其实是没有办法，因为没有下手的地方。近代的人生哲学渐渐变了，渐渐打破了这种迷梦，渐渐觉悟：改造社会的下手方法在于改良那些造成社会的种种势力——制度，习惯，思想，教育，等等。那些势力改良了，人也改良了。所以我觉得“改造社会要从改造个人做起”还是脱不了旧思想的影响。我们的根本观点是：

个人是社会上无数势力造成的。

改造社会须从改造这些造成社会，造成个人的种种势力做起。

改造社会即是改造个人。

新村的运动如果真是建筑在“改造社会要从改造个人做起”一个观念上，我觉得那是根本错误了。改造个人也是要一点一滴的改造那些造成个人的种种社会势力。不站在这个社会里来做这种一点一滴的社会改造，却跳出这个社会去“完全发展自己个性”，这便是放弃现社会，认为不能改造；这便是独善的个人主义。

以上说的是本篇的第一层意思。现在我且简单说明我所主张的

"非个人主义的"新生活是什么。这种生活是一种"社会的新生活";是站在这个现社会里奋斗的生活;是霸占住这个社会来改造这个社会的新生活。它的根本观念有三条:

一、社会是种种势力造成的,改造社会须要改造社会的种种势力。这种改造一定是零碎的改造,——一点一滴的改造,一尺一步的改造。无论你的志愿如何宏大,理想如何彻底,计划如何伟大,你总不能笼统的改造,你总不能不做这种"得寸进寸,得尺进尺"的工夫。所以我说:社会的改造是这种制度那种制度的改造,是这种思想那种思想的改造,是这个家庭那个家庭的改造,是这个学堂那个学堂的改造。

〔**附注**〕有人说:"社会的种种势力是互相牵制的,互相影响的。这种零碎的改造,是不中用的。因为你才动手改这一种制度,其余的种种势力便围拢来牵制你了。如此看来,改造还是该做笼统的改造。"我说不然。正因为社会的势力是互相影响牵制的,故一部分的改造自然会影响到别种势力上去。这种影响是最切实的,最有力的。近年来的文字改革,自然是局部的改革,但是他所影响的别种势力,竟有意想不到的多。这不是一个很明显的例吗?

二、因为要做一点一滴的改造,故有志做改造事业的人必须要时时刻刻存研究的态度,做切实的调查,下精细的考虑,提出大胆的假设,寻出实验的证明。这种新生活是研究的生活,是随时随地解决具体问题的生活。具体的问题多解决了一个,便是社会的改造进了那么多一步。做这种生活的人要睁开眼睛,公开心胸;要手足灵敏,耳目聪明,心思活泼;要欢迎事实,要不怕事实;要爱问题,要不怕问题的逼人!

三、这种生活是要奋斗的。那避世的独善主义是与人无忤，与世无争的，故不必奋斗。这种“淑世”的新生活，到处翻出不中听的事实，到处提出不中听的问题，自然是很讨人厌的，是一定要招起反对的。反对就是兴趣的表示，就是注意的表示。我们对于反对的旧势力，应该作正当的奋斗，不可退缩。我们的方针是：奋斗的结果，要使社会的旧势力不能不让我们；切不可先就偃旗息鼓退出现社会去，把这个社会双手让给旧势力。换句话说，应该使旧社会变成新社会，使旧村变为新村，使旧生活变为新生活。

我且举一个实际的例。英美近二三十年来，有一种运动，叫做“贫民区域居留地”的运动（social settlements）。这种运动的大意是：一班青年的男女——大都是大学的毕业生，——在本城拣定一块极龌龊，极不堪的贫民区域，买一块地，造一所房屋。这一班人便终日在这里面做事。这屋里，凡是物质文明所赐的生活需要品，——电灯，电话，热气，浴室，游水池，钢琴，话匣，等等，——无一不有。他们把附近的小孩子，——垢面的孩子，顽皮的孩子，——都招拢来，教他们游水，教他们读书，教他们打球，教他们演说辩论，组成音乐队，组成演剧团，教他们演戏奏艺。还有女医生和看护妇，天天出去访问贫家，替他们医病，帮他们接生和看护产妇。病重的，由“居留地”的人送入公家医院。因为天下贫民都是最安本分的，他们眼见那高楼大屋的大医院，心里以为这定是为有钱人家造的，决不是替贫民诊病的；所以必须有人打破他们这种见解，教他们知道医院不是专为富贵人家的。还有许多贫家的妇女每日早晨出门做工，家里小孩子无人看管，所以“居留地”的人教他们把小孩子每天寄在“居留地”里，有人替他们洗浴，换洗衣服，喂他们饮食，领他们游戏。到了晚上，他们的母亲回来了，各人把小孩领回去。这种小孩子从小就在洁净慈爱的环境里长大，渐渐养成了良好习惯，回到家中，自然会把从前的种种污秽的环境改了。家中的大人也因时时同这种新生活接触，渐渐的改良了。我在纽约时，曾常常去看亨利街上的一所居留地，是华德女士（Lilian Wald）办的。有一晚我去看那街上的贫家子弟演戏，演的是贝里（Barry）的名剧。我至今回想起来，他们演戏的程度比我们大学的新戏高得多咧！

这种生活是我所说的“非个人主义的新生活”！是我所说的“变旧社会为新社会，变旧村为新村”的生活！这也不是用“暴力”去得来的！我希望中国的青年要做这一类的新生活，不要去模仿那跳出现社会的独善生活。我们的新村就在我们自己的旧村里！我们所要的新村是要我们自己的旧村变成的新村！

可爱的男女少年！我们的旧村里我们可做的事业多得很咧！村上的鸦片烟灯还有多少？村上的吗啡针害死了多少人？村上缠脚的女子还有多少？村上的学堂成个什么样子？村上的绅士今年卖选票得了多少钱？村上的神庙香火还是怎样兴旺？村上的医生断送了几百条人命？村上的煤矿工人每日只拿到五个铜子，你知道吗？村上多少女工被贫穷逼去卖淫，你知道吗？村上的工厂没有避火的铁梯，昨天火起，烧死了一百多人，你知道吗？村上的童养媳妇被婆婆打断了一条腿，村上的绅士逼他的女儿饿死做烈女，你知道吗？

有志求新生活的男女少年！我们有什么权利，丢开这许多的事业去做那避世的新村生活！我们放着这个恶浊的旧村，有什么面孔，有什么良心，去寻那“和平幸福”的新村生活！

大宇宙中谈博爱*

现在我们读书的时候，不要空谈高唱博爱；但应先努力学习，充实自己，到我们有充分能力的时候才谈博爱，仍不算迟。

“博爱”就是爱一切人。这题目范围很大。在未讨论以前，让我们先看一个问题：“我们的世界有多大？”

我的答复是“很大”！我从前念《千字文》的时候，一开头便已念到这样的辞句：“天地玄黄，宇宙洪荒。”宇宙是中国的字，和英文的 Universe，World 意思差不多，都是抽象名词。宇是空间（Space）即东、南、西、北；宙是时间（Time）即古、今、旦、暮。《淮南子》说宇是上下四方，宙是古往今来。宇宙就是天地，宇宙就是 Time-Space。古人能得“Universe”的观念实在不易，相当合于今日的科学。但古人所见的空间很小，时间很短，现在的观念已扩大了许多。考古学探讨千万年的事，地质学、古生物学、天文学等等不断的发现，更将时间空间的观念扩大。

* 本文是胡适 1956 年 9 月 17 日在美国中西部留美同学夏令大会上的演说词。由香港《灯塔》杂志特约记者简新程记录，载 1957 年 2 月 1 日《灯塔》第 8 期。录自《胡适全集》第 22 卷，安徽教育出版社 2003 年版。

现在的看法：空间是无穷的大，时间是无穷的长。

古人只见到八大行星，二十年前只见九大行星。现在所谓的银河，是古代所未能想象得到的。以前觉得太阳很远，现在说起来算不得什么，因为比太阳远千万倍的东西多得很。

科学就这样地答复了“宇宙究竟有多大？”这个问题。

现在谈第二点：博爱。

在这个大世界里谈博爱，真是个大问题。广义的爱，是世界各大宗教的最终目的。墨子可谓中国历史上最了不起的人，可说是宗教创立者（Founder of Religion），他提出“兼爱”为他的理论中心。兼爱就是博爱，是爱无等差的爱。墨子理论和基督教教义有很多相合的地方，如“爱人如己”、“爱我们的仇敌”等。

佛教哲学本谓一切无常，我亦无常，“我”是“四大”（土、水、火、风）偶然结合而成的，是十分简单的东西，因此无所谓爱与恨——根本不值得爱，也不值得恨。但早期佛教亦有爱的意念在：我既无常，可牺牲以为人。

和尚爱众生，但是佛教不准自食其力，所以有人称之为“叫花”（乞丐）宗教。自己的饭亦须取之于人，何能博爱？

古时很多人为了“爱”，每次登坑（大便）的时候便想，想，大想一番，想到爱人。有些人则以身喂蚊，或以刀割肉，以自身所受的痛苦来显示他们对人的爱。这种爱的方法，只能做到牺牲自己，在现代的眼光看来，是可笑的。这种博爱给人的帮助十分有限，与现代的科学——工程、医学……等所能给我们的“博爱”比起来，力量实在小得可怜。今日的科学增进了人类互助博爱的能力。就说最近意大利邮船 Andrea Doria 号遇难的事吧，短短的数小时内就救起千多人。近代交通、医学……等的发达，减少了人类无数的痛苦。

我们要谈博爱，一定要换一观念。古时那种喂蚊割肉的博爱，等于开空头支票，毫无价值。现在的科学才能放大我们的眼光，促进我们的同情心，增加我们助人的能力。我们需要一种以科学为基础的博爱——一种实际的博爱。

孔子说："修己以敬，修己以安人，修己以安百姓。"修己就是把自己弄好。我们应当先把自己弄好，然后帮助别人；独善其身然后能兼善天下。同学们，现在我们读书的时候，不要空谈高唱博爱；但应先努力学习，充实自己，到我们有充分能力的时候才谈博爱，仍不算迟。

我所提倡的拜金主义*

拜金主义只有三个信条：第一，要自己能挣饭吃。第二，不可抢别人的饭吃。第三，要能想出法子来，开出生路来，叫别人有挣饭吃的机会。

现今的要务是要充分提倡拜金主义，提倡人人要能挣饭吃。

吴稚晖先生在今年五月底曾对我说："适之先生，你千万再不要提倡那害人误国的国故整理了。现在最要紧的是要提倡一种纯粹的拜金主义。"

我因为个人兴趣上的关系，大概还不能完全抛弃国故的整理。但对于他说的拜金主义的提倡，我却表示二十四分的赞成。

拜金主义并没有什么深奥的教旨，吴稚晖先生在他的《一个新信仰的宇宙观与人生观》里，曾发挥过这种教义。简单说来，拜金主义只有三个信条：

第一，要自己能挣饭吃。

第二，不可抢别人的饭吃。

第三，要能想出法子来，开出生路来，叫别人有挣饭吃的机会。

---

* 本文原名为《拜金主义》，刊于 1933 年《上海青年》，又载于 1933 年 10 月南京《文社月刊》第 2 卷第 10 册。录自《胡适全集》第 21 卷，安徽教育出版社 2003 年版。现标题为本书编者所加。

《珠砂痣》里有一句说白："原来银子是一件好宝贝。"这就是拜金主义的浅说。银子为什么是一件好宝贝呢？因为没有银子便是贫穷，贫穷便是一切罪恶的来源。《珠砂痣》里那个男子因为贫穷，便肯卖妻子，卖妻子便是一桩罪恶。你仔细想想，哪一件罪恶不是由于贫穷的？小偷、大盗、扒儿手、绑票、卖娼、贪赃、卖国，哪一件不是由于贫穷？

所以古人说：

衣食足而后知荣辱，

仓廪实而后知礼节。

这便是拜金主义的人生观。

一班瞎了眼睛，迷了心头孔的人，不知道人情是什么，偏要大骂西洋人，尤其是美国人，骂他们"崇拜大拉"（Worship the dollar）！你要知道，美国人因为崇拜大拉，所以已经做到了真正"夜不闭户，路不拾遗"的理想境界了。（**几个大城市里自然还有罪恶，但乡间真能夜不闭户，路不拾遗是西洋的普遍现状。**）

我们不配骂人崇拜大拉；请回头看看我们自己崇拜的是什么！

一个老太婆，背着一只竹箩，拿着一根铁扦，天天到弄堂里去扒垃圾堆，去寻那垃圾堆里一个半个没有烧完的煤球，一寸两寸稀烂奇脏的破布。——这些人崇拜的是什么！

要知道，这种人连半个没有烧完的煤球也不肯放过，还能有什么"道德"、"牺牲"、"廉洁"、"路不拾遗"？

所以现今的要务是要充分提倡拜金主义，提倡人人要能挣饭吃。

上海青年会里的朋友们，现在办了一种职业学校，要造成一些能自己挣饭吃的人才，这真是大做好事，功德无量。我想社会上一定有些假充道学的人，嫌这个学校的拜金气味太重，所以写这篇短文，预先替他们做点辩护。

但愿不白说的话（一）爱国*

我们生长在这家，便爱这一家，难道我们生长在这一国，不晓得爱这一国么？

我这“白话”的第一篇，说的是爱国。

这“爱国”二字，说过的人，也不知多少了。我今天只得斩截的说一番。第一层，我们小的时候，在家中，那我们的心中，自然爱我们父母，爱我们的兄弟姊妹。稍有知识的，便想将来大富大贵，使我们父母、兄弟、姊妹们，大家得些光彩。列位，这为的是什么呢？因为这些人和我们很有密切的关系，他们都爱我，我也爱他［们］，这便是我们爱家的原由。我想天下的人，大概总是没有知道自己和国家的关系，所以不晓得爱国，其实国和家原是一般的。第一，我们生长在这家，便爱这一家，难道我们生长在这一国，不晓得爱这一国么？第二，我们的父母，生我育我，我们的兄弟，爱我

---

* 本文原题为《白话（一）爱国》，载于 1908 年 11 月 24 日《竞业旬报》第 34 期，署名“铁儿”。胡适在文前专讲文中“白话”二字的意思是“白白说掉的话儿”，以提示读者不要使他说的这番话，“当真成了白话才好呀！”现题系本书编者据此而改。下同。选自《胡适全集》第 21 卷，安徽教育出版社 2003 年版。

助我，我所以爱他们。难道我们的祖国保护我，教育我，我们倒可以忘记了他吗？倒可以不爱他吗？所以我第一句话就说：国是人人都要爱的，爱国是人人本分的事。

第二层，爱国有什么好处呢？列位要晓得，一家之中，人人能爱家，能保这一家的名誉，这一家自然昌盛，一家之人都可以过那最好过的日子。一国之中，人人都晓得爱国，这一国自然强大，一国的人，人人不受人欺，人人都受人恭敬。你看那英国人、德国人，谁敢惹他一惹，碰他一碰，因为他们个个都晓得他们自己的祖国，他祖国强了，便人人都可以吐气扬眉了。你再看看我们中国人，到处都受人欺侮，到处给人家瞧不起。唉！这都是因为我们国民不爱国的结果了。这便是人人爱国的好处。

还有一层，列位总看见书上说的那些孝子了。那些人，爱他的父母，服侍父母很好，人家便称他做孝子，人人恭敬他。又有些人，不爱父母，忤逆他的父母，人家便称他做逆子，人人唾骂他，官家要杀他。这是什么缘故呢？都只为，孝父母是人人本分内所做的事，一个人能尽他的本分，这个人自然是个完人了，自然应该受人恭敬的了。你想一个人对于父母，尽了他的本分，人家便恭敬他，如果有一个人对于祖国，尽了他的本分，天下的人，自然都恭敬他了，都称他做爱国者了。一个国中，多出几个爱国者，多出几十百个爱国者，牵带得那祖国也给人家瞧得起了。哈哈！这不是爱国的大大好处吗？我要告诉列位一句要紧话，我所说的爱国，可不是口头上“爱国”、“爱国”就算了的，那爱国的事业，有几层：

第一，一家有一家的族谱，一国有一国的历史。做子孙的，总极力保存他那一族的族谱，族谱上有几个大英雄、大义士，做子孙的时时对人称道，觉得非常荣耀。做国民的，也应如此，也应把他祖国历史上的奇功伟业，息息不忘记。譬如中国历史［上］有个定鼎开基的黄帝，有个驱除丑虏的明太祖，有个孔子，有个岳飞，有个班超，有个玄奘，文学有李白、杜甫，女界有秦良玉、木兰，这都是我们国民天天所应该纪念着的。爱国的人，第一件，要保存祖国的光荣历史，不可忘记，忘记了自己祖国的历史，便要卑鄙龌龊，甘心作人家的牛马奴隶了。你看现在的人，把我们祖国的光荣历史忘记了，便甘心媚外，处处说外国人好，说中国人不好，哪里晓得他们祖宗原是很光荣的。不过到了如今，生生地，给这班不争气的子孙糟蹋了。唉！可惨呀！

第二，祖国历史上的名誉，既然晓得了，第二着，便要竭力加添祖国的名誉。怎么叫做加添些名誉呢？比如我们中国最有名的是那些道学家所讲的伦理，我们断不可唾弃了去，务必要力行那种修身的学问，成一种道德的国民，给世界上的人钦敬。又如我们中国最擅长的是文学，文哪！诗哪！词哪！歌曲哪！没有一国比得上的，我们应该研求研求，使祖国文学，一天光明一天，不要卑鄙下贱去学几句“爱皮细低”[①]，便稀奇的了不得，那还算是人么？这是两个比喻，总而言之爱国的人，务必要加添祖国的名誉，那才是真正爱国者呢！

我说到这里，我忽然觉得了，我想起我们中国现在到了这步地位，要灭了，要亡了，我还在说这些安安逸逸的话儿，说什么保存祖国名誉，加添祖国名誉，我难道真个在这里做梦吗！其实我们中

① 爱皮细低即英文字母A、B、C、D。

国的人，如果个个都能把“爱国”二字做了自己本分内的事，人人晓得保存祖国的名誉，人人要想加添祖国的名誉，要是我们中国同胞果然如此，哈哈！不是我兄弟吹牛皮，我们中国断断不亡了，不灭了，名誉也保存了，也加添了。列位，一个人本分内第一件要事，便是爱国。

为祖国而战者，

最高尚之事业也。（荷马）

但愿不白说的话（二）独立*

"独立"这两个字，是我们中国同胞最缺少的，然而又是我们中国同胞万不可少的，所以我便不能不说了。

我这《白话》第二篇，说的是"独立"。

"独立"二字的意思，说的浅些，就是自立，就是自立靠自己，不要依赖别人；说得深些，就是孟子说的富贵不能淫，贫贱不能移，威武不能屈，那才是真独立。

我为什么要说这独立呢？因为"独立"这两个字，是我们中国同胞最缺少的，然而又是我们中国同胞万不可少的，所以我便不能不说了。

怎么独立是我们中国人所最缺少的呢，原来我们同胞有几层大毛病，有了这几层大病，便生生地把这独立病死了。那几层大病是：

第一是靠天。你看我们中国人，哪一个不靠天？那做皇帝的，年年祭社稷，黄河口决了，只是祭神，黄河安澜了，只是祭什么河神哪，金龙大王哪。那做官的，不晓得做些兴利除弊的事业，天旱

---

* 本文原题为《白语（二）独立》，载于1908年12月4日《竞业旬报》的第35期，署名"铁儿"。录自《胡适全集》第21卷，安徽教育出版社2003年版。

了，只晓得求雨，天雨多了，只晓得求晴，瘟疫来了，只晓得拜城隍，拜土地。那做商人的，只晓得拜财神，拜关帝。那读书的，只晓得拜孔子，拜文昌，拜魁星，现在不晓得又要拜什么神了。那做工的，只晓得拜鲁班师，拜老郎。还有那些一般的人，病了，便求神，好了，也拜神；合婚，也拜神；造屋，也拜神；出门也拜神，甚至于养鸡养狗，都要拜神。这种靠天的大病，简直把我们的祖国，就此一病奄奄到底了。

第二是靠人。生了靠天的病，已是不可救药的了，哪里晓得还有一靠人的大病。唉，你看那做皇帝的，只望外国人不要来。那做官的，只望那皇帝做的好，只望百姓不要捉他的破绽，只望外国人不要寻岔头。那做国民的，只靠皇帝，只靠政府，无论什么亡国灭种的天大事情，只晓得睁开眼睛，望着人家，说：这些事情，尽有我们的圣天子做了，又有我们的官府做去了。还有那些做不了的事，自然有那些天生豪杰英雄去做了。我们这种眇眇小人，那里配做这些大事，我们只好睁开眼睛安享其成就是了。唉哟，这便是我们祖国亡国的死症了。

有了这两种大病，我们中国可就危险极了。所以我说这独立是我们中国人最缺少的。唉，岂但缺少，简直是没有罢了。

怎么说这独立是我们中国所万不可少的呢？那靠天的人，天是万万靠不住的，靠了天，心中只记着（靠天吃饭）的话儿，什么事都不肯做，只晓得听天由命。死了人，只说是命，发了财，折了本，都说是天数，甚至于国亡了，也只好委之天命。你看历史上许多亡国的遗民，那怀着亡国之痛，想作博浪之椎的，很少很少，其余还不是乐天安命歌舞升平吗！像这种靠天的国民，怪不得那外国人要来算计我们的土地了。至于那些靠人的人，他的意思，以为我们小人，自然可以清闲清闲，乐得看那圣贤豪杰去出力，乐得坐享其成。哪里晓得你要靠人，人也要靠你，你望他去做，他也望你去做，你推我，我又推他，他又推你，到头来，还是没有一个人去做，还是一个约约糊。小事也是如此，大事也是如此，甚至于救国大事，也是如此。那个祖国不用说了，自然亡了，所以这倚靠的心思，便是亡国的砒霜，若要除去这个砒霜，非讲独立不可，所以我说独立是万不可少的。

独立的意思，已讲过了，独立的功用，也说过了，究竟独立是怎样一件事呢？列位要晓得，一个人便有一个人的人格，便有一个人的本领，只要自己肯去做，断没有做不到的事。他是个人，我也是个人，孔子是个人，我也是个人，皇帝是个人，我也是个人，他能做，我难道不能做吗？列位读过《三字经》的，可记得那（**有为者，亦若是**）两句书吗？这两句话的意思，是说“人若能有为，一定可以做得到的”。

本来我们同是一个人，头面耳目手足心思，都是一样的，我们为什么自己甘心退步，让人家做圣贤豪杰呢？难道我们便不配吗？那真是自暴自弃了。

中国有两句俗话说：“好男不吃分家饭，好女不穿嫁时衣。”唉，这两句话，真是独立的金石之言。这两句话的意思，说那堂堂男子，应该自己赚饭吃，自己打开天下，自己创造家业，切不可靠着那分家遗下的家私。又说那女子，也应该自立门户，帮助丈夫，经营家业，自己吃自己的饭，切不可靠着那嫁时的嫁妆厚薄。这不是真独立吗，我很巴望列位终身记着这两句话把来实行起来。先讲自己一个人，便要自己吃自己的饭，再讲一家，便要自己创起一个新家来，不可倚靠祖宗，不可依靠产业。再讲一国，便要自己担一分责任，努力造一个新国家，不要观望不前，不要你我推诿，不要靠天，不要靠人。到了那时候，一身好了，一家茂盛了，连那祖国都好了。因为一人能独立，人人能独立，你也独立，我也独立，那个祖国自然也独立了。列位不要说独立是一件难事，古语道得好，天下无难事，只怕有心人。列位，来来来，独立，独立，祖国独立，祖国万岁。

但愿不白说的话（三）苟且*

这“苟且”二字，在我们中国真可以算得一场大瘟疫了。……简直把我们祖国数千年来的文明，数千年来的民族精神，都被这两个字瘟死了。

我这“白话”的第三篇，说的是苟且。

这“苟且”二字，便是随随便便的意思，说得深一层，便是上海人说的撒烂污、呀呀糊。唉！我想起这“苟且”二字，在我们中国真可以算得一场大瘟疫了。这一场瘟疫，不打紧，简直把我们祖国数千年来的文明，数千年来的民族精神，都被这两个字瘟死了。唉！好不伤心呵！

先说我们祖国的科学。以前我们中国，讲起各种科学来，哪一门不发达得早，神农皇帝的时候，便能尝药性，发明医学。黄帝的时候，已有人会算天文，会造历日。到了唐尧的时候，那天［时］文学更发达了。黄帝的时候，便会作指南车，那指南车便是现在的罗盘。现今各国人航海行军，哪一个不用这个东西，可见我们中国的磁学发达得非常之早了。至如那些蚕桑哪！文学哪！印刷术哪！

---

* 本文原题为《白话（三）苟且》，载于 1908 年 12 月 14 日的《竞业旬报》第 36 期，署名“铁儿”。录自《胡适全集》第 21 卷，安徽教育出版社 2003 年版。

哪一样不是我们祖国所发明的呢？唉！讲到我们中国上古时代的文化，那真正是我们的光荣了。不料到了后世，有什么圣人出来了，口口声声说什么听天安分，总要少思省事，这么一来，可不得了，从此以后，什么事情，都不肯竭力去研究了，只晓得随便。讲那医学的，看见前人说过了，有了药性的书了，我们只好随便用用罢，何必再去多事呢！讲天文的，看见人家有了现成书了，也随便用用罢，何必再去研究呢！何必再去推测呢！用罗盘的，只要那磁针可以用得，也便随便用用罢，何必去改良呢！又何必从这支磁针上面去发明别的学问呢？养蚕的，缫丝的，只要缫得出丝，也就罢了，随便些儿罢，何必想法子改良呢！织布的，只要织得成布，做得衣裳，也就罢了，随便些儿罢，何必去想那改良机器的法子呢！印刷书籍的人，只要雕得成字，印得成书，胡乱算了罢，何必想法子去改良呢！如此种种，说不胜说了，只这“随便”二字，便把我们祖国的文明，轻轻地断送了。唉！这是苟且的第一步呢！

到了后来，越发退步了，随便了还不算，竟要撒烂污了，无论学医、学工、学农、学商、学各种技术，随便学一点什么皮毛，便了不得了，胡作胡为的，只要骗得钱到手，什么都去做。劈两下斧头，便算是工人；认得两个“丁”字，便算是先生；读了一本《汤头歌诀》，便算是医生。这个不打紧，哎哟！我们的祖国，就亡在这种人手里了。唉！伤心极了，这便是“苟且”的第二步。

列位要晓得，那外国人所以强到这步地位，并没有别的法子，不过是不肯苟且罢了。从前英国有个牛敦，他看见树上的苹果，落下地来，他心中便不肯苟且放过，心想那苹果为什么不朝上落，不朝右落，不朝左落，为什么单是向下落呢！他心中想来想去，好久，才发明出来，那地心有一层吸力。自从那时牛敦先发明了那地心吸力的道理，外国人才晓得造各种机器，这不是不肯苟且的功效吗？又有一个华特[1]，他看见锅中烧水，水沸的时候，那锅盖跃跃欲动，不到一会，那锅盖居然掀开一条缝儿，那水蒸气便咈咈咈的喷出，华特见了，心想这水汽竟有很大的力量，于是心中大悟，从此便用这水蒸气，造了那些火轮船。这又不是那不肯随便的功效吗？

上面说的，都是科学文明上的话儿，至于那民族精神，那可更不可苟且了。你看我们中国的民族，今年你来做皇帝，他也服服帖帖的，明年他来做皇帝，他也服服帖帖的，不管是人是狗，他都肯服侍的，到了如今，哪一个不是安安稳稳的伺候着做顺民呢！唉！国民苟且到这步。科学上是苟且极了，思想精神哪一件不苟且，行一步路，做一件事，说一句话，哪一件不苟且，国亡了，还要随便些儿罢。哎哟！那可真亡了，祖国可真是没有救的了。唉！可恨呵！苟且。

① 华特（James Watt，1736—1819），现通译瓦特，英国著名发明家。1776年制造出世界上第一台有实用价值的蒸汽机。

但愿不白说的话（四）名誉*

我们做了一个人，堂堂地立于天地之间，吃了世界上人的饭，穿了世界上人的衣，正应该轰轰烈烈做一场大事业。活的时候，千万人受他的恩惠，死的时候，千万年纪念着他的名儿，那才不愧做了一辈子的人呢！

我这“白话”的第四篇，说的是名誉。

这个“名誉”从哪儿得来呢？原来世界上的事，无论什么事，都有个是与非。有了是非，那行的是的人，自然人家都称道他，赞美他，这种大众的赞美，那便是名誉了。反过来说，那为非作歹的人，自然大家恨他骂他，那种笑骂，便是诋毁了，便是不名誉了。这个“名誉”和“不名誉”都是从天下的公是公非上发生出来的，很有价值的。何以很有价值呢？因为我们做人的人，断不情愿给人家笑骂的，一个人要是做了不名誉的人，给天下人唾骂，那还有什么乐趣呢？那就生不如死了，所以这“名誉”与“不名誉”于我们身份上，是很有价值的。你看那有名誉的人，便是流芳百世，那不名誉的人，便要遗臭万年，这“名誉”二字，可不是极有价值的吗？

看官，我来问你，你想那历史上的大英雄内中有个班超，他

---

* 本文原题为《白话（四）名誉》，载于1909年1月2日《竞业旬报》第38期署名“铁儿”。录自《胡适全集》第21卷，安徽教育出版社2003年版。

带了三十六人，到西域去，辛辛苦苦，东讨西征，逾葱岭，迄县度（山名），辛苦了二十二年，征服了西域五十余国，这不是一位大英雄吗？他曾经说过一句话是："死无所名，非壮士也"，说"一个人要是糊糊涂涂的死了，没有一点儿好名誉留在世上，那便算不得丈夫了"。照他这话看起来，可见得班超一生的事业，全都是这"名誉"二字发生出来的。如果班超没有这一点"名誉思想"，他少年时给人家做奴才，替人家抄写抄写，一样的有饭吃有衣穿，何必投笔从军作那万里封侯的妄想呢？这是一个极爱名誉的大英雄。我来问你，你想那历史上有一位孔子，他生平劳劳碌碌，东奔西走，总想寻一个机会，做一番惊天动地、济世安民的大事业，到了后来，人老了，头发也白了，他还要做了许多书来劝人，这位孔子自然是一位大圣人了。他也曾经说过一句话是："君子疾没世而名不称焉"，这句话的意思，和那"死无所名，非壮士也"一句话，一模一样的意思。照这话看来，这位孔子，他生平的事业，虽说是以天下为己任，但是那位孔子，终究是一位很爱名誉的了。看官，这是一个爱名誉的大圣人。

上面所引的二句话，一句是一位圣人说的，一句是一位英雄说的，可不是我做报的人杜撰出来的。列位可以知道那"名誉"是人生万不可少的了，所以我今天，便来说"名誉"。

我们做了一个人，堂堂地立于天地之间，吃了世界上人的饭，穿了世界上人的衣，正应该轰轰烈烈做一场大事业。活的时候，千万人受他的恩惠，死的时候，千万年纪念着他的名儿，那才不愧做了一辈子的人呢！你看我们历史上那许多英雄义士圣贤女杰，哪一个不是轰轰烈烈做了一场，哪一个不是历史上记载着，哪一个不是小说上称述着，哪一个不是戏台上扮演着，哪一个不是妇人孺子纪念着羡慕着。列位，这些人的名誉，何等光荣，何等尊严。你再看外国历史上许多英雄贤圣义士杰女，非但是历史记载着，非但是小说称道着，非但是戏台上扮演着，生的时候，已是铜像高高地竖着，颤颤巍巍，高出云表，受了无数无数人的瞻仰称赞羡慕崇拜，死的时候，肉身死了，消灭了，然而这些铜像，仍旧是巍巍地矗立在那里，千年万年，地球一日不坏，这些铜像一日不灭，那些英雄贤圣义士杰女的英名总不得埋没。列位，这些人的名誉，何等光荣，何等尊严，我们也是一般堂堂地做了一个人，难道不该做到这个地位吗？唉！难道我们便不配受这个光荣吗？

我说到这里，我想列位看官，总该也晓得羡慕那名誉了，但是在下还有几句话，要告诉列位。外国有一句俗语，道："上帝可以把样样东西赐给我们，但是我们须要拿出相当的价钱。"我们中国也有一句俗语叫做"一分钱，一分货"，说大凡我们若要买一件好东西，总须出大价钱。唉！买一件东西，尚且要出相当的价钱，难道这种极尊严极光荣的名誉，就可以空［着］双手白白地得来吗？所以我望列位如果要想得那种好名誉，一定先要拿出大价钱来。那名誉的价钱，是什么东西呢？原来就不过劳苦两个字。我们只晓得班超是一个大冒险家，却没人想到班超所受的劳苦，要是班超不吃那种种辛苦，他能得这种大名誉吗？我们只晓得荆轲是一个大侠士，要是荆轲不吃那殿上刺秦王不中被杀的苦趣［楚］，他还能得这种大名誉吗？我们只晓得木兰是一个女豪杰，却没人想到那木兰所吃的辛苦，要是木兰不肯吃那十二年代父从军的苦楚，她能得到这种大名誉吗？我们只晓得李白杜甫等是一班大诗人，却没有人想到他们那种“读书破万卷”或是“吟成一个字，捻断数根髭”的苦况，要是他们不受那种苦况，他们能得这种大名誉吗？我们只晓得某人是忠臣，某人是义士，某人是烈士，某人是高士，却没人想到那些人所受的殉国死义殉节守身种种艰苦，要是他们不受这种种艰苦，哪里能得这种大名誉呢？还有那外国许多豪杰，那更不消说得了，自然个个都是把极大极大的艰苦去买那千秋万岁的名誉的了。

以上所说的比喻，那一种名誉，不是用那大价钱买来的，他们所用的价钱便是勤苦。只有现在我们中国的同胞，名誉呢，大约总是爱的，但是总没有人肯出大价钱去买。做皇帝的张着口，垂着手，想做尧舜；做官的，伸着手，封着口，却想做周召管乐；读书的，读一部《古文观止》，便想做韩退之；读一本《千家诗》，便想做杜工部；喝两杯酒，便想做李太白；做生意的，一丁不识，两手空空，却想做陶朱公；做工的，砍两下斧头，便想做鲁班；做女子的，稍微认得几个字，便想做曹大家苏若兰。你想这些人他何尝不爱名誉呢？不过是出不起那种大价钱，怎么能得那种大名誉呢？所以我这“名誉”说的第一句要紧话，并不是单要人家爱名誉，是要人家把许多的勤苦劳力去求那名誉。

我说到这里，我又害怕起来了，我怕列位看官听我说那“名誉”是要把劳苦去买的，我恐怕列位从此把这“名誉”的心思，都灰冷了，那么我可不成了“名誉”的大罪人了吗？所以我很巴望列位千万不要如此，列位务必要把那好名的心肠，鼓励起来，在家的时候，便要做一个大孝子；在一村，便要做一乡的表率；在一国，便要做一个大爱国者；生的时候，便要做一个人人钦敬的大伟人；死的时候，便要做一个人人崇拜永永纪念的大英雄。列位，同胞，那才算不愧这堂堂七尺之躯呢！那才不愧做了一辈子的人呢！

我说到这里，我又害怕起来了。我怕什么呢？我想起我们中国有一句俗语，叫做“有名无实”。怎么叫做有名无实呢？譬如一个人，面子上是要做孝子，口头上也是孝子，其实他所行的事，差不多都是忤逆不孝的，不过徒有一个孝子的名儿罢了，这便是有名无实。又如那班假志士，嘴上天天讲爱国，其实他们所行都是些媚外辱国的事，这也是有名无实。诸如此类，都叫做“有名无实”。这种行为，都是欺人的手段，都是极卑鄙的。我所讲的名誉，都是要人家实事求是，把勤苦去换来的名誉，断断乎不愿列位做这种卑鄙的行为，列位须要认得分明呵！

古语道得好：“三代以上，惟恐好名，三代以下，惟恐不好名。”说三代（夏、商、周）以上的古人，个个人都能守他的天职，做他的本分，所以那时的人，没有一个人想那虚名的。到了三代以后的人，人人都是自私自利的，个个都只晓得顾自己，没有一个人，肯顾公益的，更没有人肯顾国事的，所以不得已才借这个名字，把来鼓励天下的人。后来世界越发不好了，到了如今，连那名誉都不顾了，天下人笑他也不顾，唾骂他也不顾，一身的名誉，一家的名誉，祖宗的名誉，子孙的名誉，甚至于祖国的名誉，一塌刮辣仔[①]，都不顾了，都不顾了。你看那茫茫大地，莽莽中原，要想寻一二个好名的人，竟都不易得了。唉！唉！唉！这便是在下做这篇“白话”的用意了。唉！

① 一塌刮辣仔，方言，一连串的事情，所有这些的意思。

少年中国之精神*

少年的中国，中国的少年，不可不时时刻刻保存这种批评的、冒险进取的、开会的人生观。

上回太炎先生谈话里面说现在青年的四种弱点，都是很可使我们反省的。他的意思是要我们少年人：（一）不要把事情看得太容易了；（二）不要妄想凭藉已成的势力；（三）不要虚慕文明；（四）不要好高骛远。这四条都是消极的忠告。我现在且从积极一方面提出几个观念，和各位同志商酌商酌。

一　少年中国的逻辑

逻辑即是思想、辩论、办事的方法。一般中国人现在最缺乏的就是一种正当的方法。因为方法缺乏，所以有下列的几种现象：（一）灵异鬼怪的迷信，如上海的盛德坛及各地的各种迷信；（二）谩骂无理的议论；（三）用“诗云子曰”作根据的议论；（四）把西洋古人

* 本文作于 1919 年 3 月 22 日，是胡适在少年中国学会筹备会上的演讲。载 1919 年《少年中国》第一期。录自《胡适全集》第 21 卷，安徽教育出版社 2003 年版。

当作无上真理的议论。还有一种平常人不很注意的怪状，我且称他为“目的热”。“目的热”就是迷信一些空虚的大话，认为高尚的目的，全不问这种观念的意义究竟如何。今天有人说：“我主张统一和平”，大家齐声喝彩，就请他做内阁总理；明天又有人说：“我主张和平统一”，大家又齐声叫好，就举他做大总统；此外还有什么“爱国”哪，“护法”哪，“孔教”哪，“卫道”哪……许多空虚的名词；意义不曾确定，也都有许多人随声附和，认为天经地义，这便是我所说的“目的热”。以上所说各种现象都是缺乏方法的表示。我们既然自认为“少年中国”，不可不有一种新方法，这种新方法，应该是科学的方法。科学方法，不是我在这短促时间里所能详细讨论的，我且略说科学方法的要点：

第一，注重事实。科学方法是用事实作起点的，不要问孔子怎么说，柏拉图怎么说，康德怎么说；我们须要先从研究事实下手，凡游历、调查、统计等事都属于此项。

第二，注重假设。单研究事实，算不得科学方法。王阳明对着庭前的竹子做了七天的“格物”功夫，格不出什么道理来，反病倒了，这是笨伯的“格物”方法。科学家最重“假设”（Hypothesis）。观察事物之后，自然有几个假定的意思，我们应该把每一个假设所涵的意义彻底想出，看那些意义是否可以解释所观察的事实？是否可以解决所遇的疑难？所以要博学，正是因为博学方才可以有许多假设，学问只是供给我们种种假设的来源。

第三，注重证实。许多假设之中，我们挑出一个，认为最合用的假设，但是这个假设是否真正合用？必须实地证明。有时候，证实是很容易的；有时候，必须用“试验”方才可以证实。证实了的假设，方可说是“真”的，方才可用。一切古人今人的主张、东哲西哲的学说，若不曾经过这一层证实的功夫，只可作为待证的假设，不配认作真理。

少年的中国，中国的少年，不可不时时刻刻保存这种科学的方法，实验的态度。

二　少年中国的人生观

现在中国有几种人生观是“少年中国”的仇敌：第一种是醉生梦死的无意识生活，固然不消说了；第二种是退缩的人生观，如静坐会的人，如坐禅学佛的人，都只是消极的缩头主义，这些人没有生活的胆子，不敢冒险，只求平安，所以变成一班退缩懦夫；第三种是野心的投机主义，这种人虽不退缩，但为完全自己的私利起见，所以他们不惜利用他人，作他们自己的器具，不惜牺牲别人的人格和自己的人格，来满足自己的野心，到了紧要关头，不惜作伪，不惜作恶，不顾社会的公共幸福，以求达他们自己的目的。这三种人生观都是我们该反对的。少年中国的人生观，依我个人看来，该有下列的几种要素：

第一，须有批评的精神。一切习惯、风俗、制度的改良，都起于一点批评的眼光。个人的行为和社会的习俗，都最容易陷入机械的习惯，到了“机械的习惯”的时代，样样事都不知不觉的做去，全不理会何以要这样做，只晓得人家都这样做故我也这样做。这样的个人便成了无意识的两脚机器，这样的社会便成了无生气的守旧社会。我们如果发愿要造成少年的中国，第一步便须有一种批评的精神；批评的精神不是别的，就是随时随地都要问我为什么要这样做？为什么不那样做？

第二，须有冒险进取的精神。我们须要认定这个世界是很多危险的，是不太平的，是需要冒险的。世界的缺点很多，是要我们来补救的；世界的痛苦很多，是要我们来减少的；世界的危险很多，是要我们来冒险进取的。俗语说得好："成人不自在，自在不成人。"我们要做一个人，岂可贪图自在；我们要想造一个"少年的中国"，岂可不冒险。这个世界是给我们活动的大舞台，我们既上了台，便应该老着面皮，拼着头皮，大着胆子，干将起来；那些缩进后台去静坐的人都是懦夫，那些袖着双手只会看戏的人，也都是懦夫。这个世界岂是给我们静坐旁观的吗？那些厌恶这个世界，梦想超生别的世界的人，更是懦夫，不用说了。

第三，须要有社会协进的观念。上条所说的冒险进取，并不是野心的，自私自利的。我们既认定这个世界是给我们活动的，又须认定人类的生活全是社会的生活，社会是有机的组织，全体影响个人，个人影响全体。社会的活动全是互助的，你靠他帮忙，他靠你帮忙，我又靠你同他帮忙，你同他又靠我帮忙；你少说了一句话，我或者不是我现在的样子，我多尽了一分力，你或者也不是你现在的这个样子，我和你多尽了一分力，或少做了一点事，社会的全体也许不是现在这个样子，这便是社会协进的观念。有这个观念，我们自然把人人都看作同力合作的伴侣，自然会尊重人人的人格了。有这个观念，我们自然觉得我们的一举一动都和社会有关，自然不肯为社会造恶因，自然要努力为社会种善果，自然不致变成自私自利的野心投机家了。

少年的中国，中国的少年，不可不时时刻刻保存这种批评的、冒险进取的、社会的人生观。

三　少年中国的精神

少年中国的精神并不是别的，就是上文所说的逻辑和人生观。我且说一件故事做我这番谈话的结论：诸君读过英国史的，一定知道英国前世纪有一种宗教革新的运动，历史上称为“牛津运动”（The Oxford Movement），这种运动的几个领袖如客白尔[①]（Keble），纽曼（Newman），福鲁德[②]（Froude）诸人，痛恨英国国教的腐败，想大大的改革一番。这个运动未起事之先，这几位领袖做了一些宗教性的诗歌，写在一个册子上，纽曼摘了一句荷马的诗题在册子上，那句诗是“You shall see the difference now that we are back again!”翻译出来即是“如今我们回来了，你们看便不同了！”

少年的中国，中国的少年，我们也该时时刻刻记着这句话：“如今我们回来了，你们看便不同了！”

这便是少年中国的精神。

① 客白尔（John Keble，1792—1866），现通译基布尔。

② 福鲁德（Kichard Froude，1803—1836），现通译费劳德。

学生与社会*

> 教育是给人戴一副有光的眼镜，能明白观察；不是给人穿一件锦绣的衣服，在人前夸耀。

今天我同诸君所谈的题目是“学生与社会”。这个题目可以分两层讲：(一)个人与社会，(二)学生与社会。现在先说第一层。

个人与社会

(一)个人与社会有密切的关系，个人就是社会的出产品。我们虽然常说“人有个性”，并且提倡发展个性，其实个性于人，不过是千分之一，而千分之九百九十九全是社会的。我们的说话，是照社会的习惯发音；我们的衣服，是按社会的风尚为式样；就是我们的一举一动，无一不受社会的影响。

六年前我作过一首《朋友篇》，在这篇诗里我说：“清夜每自思，

---

* 本文是胡适1922年2月19日在平民中学的演说词。原载1922年3月10日《共进》增刊第11期。录自《胡适全集》第20卷，安徽教育出版社2003年版。

此身非吾有：一半属父母，一半属朋友。”如今想来，这百分之五十的比例算法是错了。此身至少有千分之九百九十九是属于广义的朋友的。我们现在虽在此地，而几千里外的人，不少的同我们发生关系。我们不能不穿衣，不能不点灯，这衣服与灯，不知经过多少人的手才造成功的。这许多为我们制衣造灯的人，都是我们不认识的朋友，这衣与灯就是这许多不认识的朋友给与我们的。

再进一步说，我们的思想、习惯、信仰……等等都是社会的出产品，社会上都是说“吃饭”，我们不能改转来说“饭吃”。我们所以为我们，就是这些思想、信仰、习惯，……，这些既都是社会的，那么除掉社会，还能有我吗？

这第一点内要义：我之所以为我，在物质方面，是无数认识与不认识的朋友的，在精神方面，是社会的，所谓“个人”差不多完全是社会的出产品。

（二）个人——我——虽仅是千分之一，但是这千分之一的“我”是很可宝贵的。普通一班的人，差不多千分之千都是社会的，思想、举动、言语、服食都是跟着社会跑。有一二特出者，有千分之一的我——个性，于跟着社会跑的时候，要另外创作，说人家未说的话，做人家不做的事。社会一班人就给他一个诨号，叫他“怪物”。

怪物原有两种：一种是发疯，一种是个性的表现。这种个性表现的怪物，是社会进化的种子，因为人类若是一代一代的互相仿照，不有变更，那就没有进化可言了。惟其有些怪物出世，特立独行，作人不作的事，说人未说的话，虽有人骂他打他，甚而逼他至死，他仍是不改他的怪言、怪行。久而久之，渐渐的就有人模仿他了，由少数的怪，变为多数，更变而为大多数，社会的风尚从此改变，把先前所怪的反视为常了。

宗教中的人物，大都是些怪物，耶稣就是一个大怪物。当时的人都以为有人打我一掌，我就应该还他一掌。耶稣偏要说："有人打我左脸一掌，我应该把右边的脸转送给他。"他的言语、行为，处处与当时的习尚相反，所以当时的人就以为他是一个怪物，把他钉死在十字架上。但是他虽死不改其言行，所以他死后就有人尊敬他，爱慕、模仿他的言行，成为一个大宗教。

怪事往往可以轰动一时，凡轰动一时的事，起先无不是可怪异的。比如缠足，当时一定是很可怪异的，而后来风行了几百年。近来把缠小的足放为天足，起先社会上同样以为可怪，而现在也渐风行了。可见不是可怪，就不能轰动一时。社会的进化，纯是千分之一的怪物，可以牺牲名誉、性命，而作可怪的事，说可怪的话以演成的。

社会的习尚，本来是革不尽，而也不能够革尽的，但是改革一次，虽不能达完全目的，至少也可改革一部分的弊习。譬如辛亥革命，本是一个大改革，以现在的政治社会情况看，固不能说是完全成功，而社会的弊习——如北京的男风，官家厅的公门，……等等——附带革除的，实在不少。所以在实际上说，总算是进化的多了。

这第二点的要义：个人的成分，虽仅占千分之一，而这千分之一的个人，就是社会进化的原因。人类的一切发明，都是由个人一点一点改良而成功的。惟有个人可以改良社会，社会的进化全靠个人。

学生与社会

由上一层推到这一层，其关系已很明白。不过在文明的国家，学生与社会的特殊关系，当不大显明，而学生所负的责任，也不大很重。惟有在文明程度很低的国家，如像现在的中国，学生与社会的关系特深，所负的改良的责任也特重。这是因为学生是受过教育的人，中国现在受过完全教育的人，真不足千分之一，这千分之一受过完全教育的学生，在社会上所负的改良责任，岂不是比全数受过教育的国家的学生，特别重大吗？

教育是给人戴一副有光的眼镜，能明白观察；不是给人穿一件锦绣的衣服，在人前夸耀。未受教育的人，是近视眼，没有明白的认识，远大的视力；受了教育，就是近视眼戴了一副近视镜，眼光变了，可以看明清楚远大。学生读了书，造下学问，不是为要到他的爸爸面前，要吃肉菜，穿绸缎；是要认他爸爸认不得的，替他爸爸说明，来帮他爸爸的忙。他爸爸不知道肥料的用法，土壤的选择，他能知道，告诉他爸爸，给他爸爸制肥料，选土壤，那他家中的收获，就可以比别人家多出许多了。

从前的学生都喜欢戴平光的眼镜，那种平光的眼镜戴如不戴，不是教育的结果。教育是要人戴能看从前看不见，并能看人家看不见的眼镜。我说社会的改良，全靠个人，其实就是靠这些戴近视镜，能看人所看不见的个人。

从前眼镜铺不发达，配眼镜的机会少，所以近视眼，老是近视看不远。现在不然了，戴眼镜的机会容易的多了，差不多是送上门来，让你去戴。若是我们不配一副眼镜戴，那不是自弃吗？若是仅戴一副看不清、看不远的平光镜，那也是可耻的事呀。

这是一个比喻，眼镜就是知识，学生应当求知识，并应当求其所要的知识。

戴上眼镜，往往容易招人家厌恶。从前是近视眼，看不见人家脸上的麻子，戴上眼镜，看见人家脸上的麻子，就要说：“你是个麻子脸。”有麻子的人，多不愿意别人说他的麻子。要听见你说他是麻子，他一定要骂你，甚而或许打你。这一层意思，就是说受过教育，就认识清社会的恶习，而发不满意的批评。这种不满意社会的批评，最容易引起社会的反感。但是人受教育，求知识，原是为发现社会的弊端，若是受了教育，而对于社会仍是处处觉得满意，那就是你的眼镜配错了光，应该返回去审查一审查，重配一副光度合适的才好。

从前伽利略因人家造的望远镜不适用，他自己造了一个扩大几百倍的望远镜，能看木星现象。他请人来看，而社会上的人反以为他是魔术迷人，骂他为怪物、革命党，几乎把他弄死。他惟其不屈不挠，不可抛弃他的学说，停止他的研究，而望远镜竟为今日学问上、社会上重要的东西了。

总之，第一要有知识，第二要有图书。若是没骨子便在社会上站不住。有骨子就是有奋斗精神，认为是真理，虽死不畏，都要去说去做。不以我看见我知道而已，还要使一班人都认识，都知道。由少数变为多数，由多数变为大多数，使一班人都承认这个真理。譬如现在有人反对修铁路，铁路是便利交通，有益社会的，你们应该站在房上喊叫宣传，使人人都知道修铁路的好处。若是有人厌恶你们，阻挡你们，你们就要拿出奋斗的精神，与他抵抗，非把你们的目的达到。不止你们的喊叫宣传，这种奋斗的精神，是改造社会绝不可少的。

二十年前的革命家，现在哪里去了？他们的消灭不外两个原因：

（1）眼镜不适用了。二十年前的康有为是一个出风头的革命家，不怕死的好汉子。现在人都笑他为守旧、老古董，都是由他不去把不适用的眼镜换一换的缘故。（2）无骨子。有一班革命家，骨子软了，人家给他些钱，或给他一个差事，教他不要干，他就不敢干了。没有一种奋斗精神，不能拿出“你不干我干，我偏要干”的决心，所以都消灭了。

我们学生应当注意的就是这两点：眼镜的光若是不对了，就去换一副对的来戴；摸着脊骨软了，要吃一点硬骨药。

我的话讲完了，现在讲一个故事来作结束。易卜生所作的《国民公敌》一剧，写一个医生斯铎曼发现了本地浴场的水里有传染病菌，他还不敢自信，请一位大学教授代为化验，果然不错。他就想要去改良它。不料浴场董事和一般股东因为改造浴池要耗费资本，拼死反对，他的老大哥与他的老丈人也都多方的以情感利诱，但他总是不可软化。他于万分困难之下设法开了一个公民会议，报告他的发明。会场中的人不但不听他的老实话，还把他赶出场去，裤子撕破，宣告他为国民公敌。他愤气不过，说：“出去争真理，不要穿好裤子。”他是真有奋斗精神，能够特立独行的人，于这种迫逼之下还是不少退缩。他说：“世界最有强力的人就是那最孤立的人。”我们要改良社会，就要学这“争真理不穿好裤子”的态度，相信这“最孤立的人是最有强力的人”的名言。

依兴趣去选择*

依着“性之所近，力之所能”学下去，其未来对国家的贡献也许比现在盲目所选的或被动选择的学科会大得多，将来前途也是无可限量的。

校长、主席、各位同学：

我刚才听见主席说今天大家都非常愉快和兴奋，我想大家一定会提出抗议的，在这大热的天气，要大家挤在一起受罪，我的内心感到实在不安，我首先要向各位致百分之百的道歉。回来后一直没有做公开演讲，有许多团体来邀请，我都谢绝了，因为每次演讲房子总是不够用。以前在三军球场有过一次演说，我也总以为房子是没问题了，但房子仍是不够。今天要请各位原谅，实在不是我的罪过，台大代联会邀请了几次，我只好勉强的答应下来。

前两天我就想究竟要讲些什么？我问了钱校长和好几位朋友，他们都很客气，不给我出题，就是主席也不给我出题。今天既是台大代联会邀请，那么，我想谈谈大学生的生活，把我个人的或者几位朋友的经验，贡献给大家，也许可作各位同学的借镜，给各位一

---

* 本文是胡适1958年6月5日在台湾大学法学院的演说词，原题为《大学的生活》。载于1958年6月19日台北《大学新闻》。录自《胡适全集》第20卷，安徽教育出版社2003年版。现题为本书编者所加。

点暗示的作用。

记得在民国三十八年应傅斯年校长之请，在中山堂作一次公开演讲。我也总以为房子够用了，谁知又把玻璃窗弄破了不少。从民国三十八年到今天已有八九年的工夫了，这九年来，看到台大的进步和发展，不仅在学生人数方面已增加到七千多，设备、人才和学科方面也进步很多，尤其是医农两学院的进步，更得国外来参观过的教育家很大的赞誉。这是我要向校长、各位同学道贺的。

不过，我又听见许多朋友讲，目前很多学生选择科系时，从师长的眼光看，都不免带有短见，倾向于功利主义方面。天才比较高的都跑到医工科去，而且只走入实用方面，而又不选择基本学科。譬如学医的，内科、外科、产科、妇科，有很多人选，而基本学科譬如生物化学、病理学，很少青年人去选读，这使我感到今日的青年不免短视，戴着近视眼镜去看自己的前途与将来。我今天头一项要讲的，就是根据我们老一辈的对选科系的经验，贡献给各位。我讲一段故事。

记得四十八年前，我考取了官费出洋，我的哥哥特地从东三省赶到上海为我送行，临行时对我说，我们的家早已破坏中落了，你出国要学些有用之学，帮助复兴家业，重振门楣，他要我学开矿或造铁路，因为这是比较容易找到工作的，千万不要学些没用的文学、哲学之类没饭吃的东西。我说好的，船就要开了。那时和我一起去美国的留学生共有七十人，分别进入各大学。在船上我就想，开矿没兴趣，造铁路也不感兴趣，于是只好采取调和折衷的办法，要学有用之学，当时康奈尔大学有全美国最好的农学院，于是就决定进去学科学的农学，也许对国家社会有点贡献吧！那时进康大的原因有二：一是康大有当时最好的农学院，且不收学费，而每个月可获得八十元的津贴；我刚才说过，我家破了产，母亲待养，那时我还没有结婚，一切从俭，所以可将部分的钱拿回养家。另一是我国有百分之八十的人是农民，将来学会了科学的农业，也许可以有益于国家。

入校后头一星期就突然接到农场实习部的信，叫我去报到。那时教授便问我："你有什么农场经验？"我答："没有。""难道一点都没有吗？""要有嘛，我的外公和外婆，都是道地的农夫。"教授说："这与你不相干。"我又说："就是因为没有，才要来学呀！"后来他又问："你洗过马没有？"我说："没有。"我就告诉他中国人种田是不用马的。于是老师就先教我洗马，他洗一面，我洗另一面。他又问我会套车吗，我说也不会。于是他又教我套车，老师套一边，我套一边，套好跳上去，兜一圈子。接着就到农场做选种的实习工作，手起了泡，但仍继续的忍耐下去。农复会的沈宗翰先生写一本《克难苦学记》，要我为他作一篇序，我也就替他做一篇很长的序。我们那时学农的人很多，但只有沈宗翰先生赤过脚下过田，是惟一确实有农场经验的人。学了一年，成绩还不错，功课都在八十五分以上。第二年我就可以多选两个学分，于是我就选种果学，即种苹果学。分上午讲课与下午实习。上课倒没有什么，还甚感兴趣；下午实习，走入实习室，桌上有各色各样的苹果三十个，颜色有红的、有黄的、有青的……形状有圆的、有长的、有椭圆的、有四方的……。要照着一本手册上的标准，去定每一苹果的学名，蒂有多长？花是什么颜色？肉是甜是酸？是软是硬？弄了两个小时。弄了半个小时一个都弄不了，满头大汗，真是冬天出大汗。抬头一看，呀！不对头，那些美国同学都做完跑光了，把苹果拿回去吃了。他们不需剖开，因为他们比较熟习，查查册子后面的普通名词就可以定学名，在他们是很简单。我只弄了一半，一半又是错的。回去就自己问自己学这个有什么用？要是靠当时的活力与记性，用上一个晚上来强记，四百多个名字都可记下来应付考试。但试想有什么用呢？那些苹果在我国烟台也没有，青岛也没有，安徽也没有……我认为科学的农学无用了，于是决定改行，那时正是民国元年，国内正在革命的时候，也许学别的东西更有好处。

那么，转系要以什么为标准呢？依自己的兴趣呢？还是看社会的需要？我年轻时候《留学日记》有一首诗，现在我也背不出来了。我选课用什么做标准？听哥哥的话？看国家的需要？还是凭自己？只有两个标准：一个是“我”；一个是“社会”，看看社会需要什么？国家需要什么？中国现代需要什么？但这个标准——社会上三百六十行，行行都需要，现在可以说三千六百行，从诺贝尔得奖人到修理马桶的，社会都需要，所以社会的标准并不重要。因此，在定主意的时候，便要依着自我的兴趣了——即性之所近，力之所能。我的兴趣在什么地方？与我性质相近的是什么？问我能做什么？对什么感兴趣？我便照着这个标准转到文学院了。但又有一个困难，文科要缴费，而从康大中途退出，要赔出以前两年的学费，我也顾不得这些。经过四位朋友的帮忙，由八十元减到三十五元，终于达成愿望。在文学院以哲学为主，英国文学、经济、政治学三门为副。后又以哲学为主，经济理论、英国文学为副科。到哥伦比亚大学后，仍以哲学为主，以政治理论、英国文学为副。我现在六十八岁了，人家问我学什么，我自己也不知道学些什么？我对文学也感兴趣，白话文方面也曾经有过一点小贡献。在北大，我曾做过哲学系主任、外国文学系主任、英国文学系主任，中国文学系也做过四年的系主任，在北大文学院六个学系中，五系全做过主任。现在我自己也不知道学些什么，我刚才讲过现在的青年太倾向于现实了，不凭性之能近，力之所能去选课。譬如一位有作诗天才的人，不进中文系学做诗，而偏要去医学院学外科，那么文学院便失去了一个一流的诗人，而国内却添了一个三四流甚至五流的饭桶外科医生，这是国家的损失，也是你们自己的损失。

在一个头等、第一流的大学，当初日本筹划帝大的时候，真的计划远大，规模宏伟，单就医学院就比当初日本总督府还要大。科学的书籍都是从第一号编起。基础良好，我们接收已有十余年了，总算没有辜负当初的计划。今日台大可说是国内唯一最完善的大学，各位不要有成见，戴着近视眼镜来看自己的前途，看自己的将来。听说入学考试时有七十二个志愿可填，这样七十二变，变到最后不知变成了什么，当初所填的志愿，不要当做最后的决定，只当做暂时的方向。要在大学一二年的时候，东摸摸西摸摸的瞎摸。不要有短见，十八九岁的青年仍没有能力决定自己的前途、职业。进大学后第一年到处去摸、去看，探险去，不知道的我偏要去学。如在中学时候的数学不好，现在我偏要去学，中学时不感兴趣，也许是老师不好。现在去听听最好的教授的讲课，也许会提起你的兴趣。好的先生会指导你走上一个好的方向，第一二年甚至于第三年还来得及，只要依着自己“性之所近，力之所能”的做去，这是清代大儒章学诚的话。

现在我再说一个故事，不是我自己的，而是近代科学的开山大师——伽利略（Galileo）。他是意大利人，父亲是一个有名的数学家，他的父亲叫他不要学他这一行，学这一行是没饭吃的，要他学医。他奉命而去。当时意大利正是文艺复兴的时候，他到大学以后曾被教授和同学捧誉为“天才的画家”，他也很得意。父亲要他学医，他却发现了美术的天才。他读书的佛劳伦斯地方是一工业区，当地的工业界首领希望在这大学多造就些科学的人才，鼓励学生研究几何，于是在这大学里特为官儿们开设了几何学一科，聘请一位叫 Ricci 氏当教授。有一天，他打从那个地方过，偶然的定脚在听讲，有的官儿们在打瞌睡，而这位年轻的伽利略却非常感兴趣。于是不断地一直继续下去，趣味横生，便改学数学。由于浓厚的兴趣与天才，就决心去东摸摸西摸摸，摸出一条兴趣之路，创造了新的天文学、新的物理学，终于成为一位近代科学的开山大师。

大学生选择学科就是选择职业。我现在六十八岁了，我也不知道所学的是什么？希望各位不要学我这样老不成器的人。勿以七十二志愿中所填的一愿就定了终身，还没有定，就是大学二三年也还没定。各位在此完备的大学里，目前更有这么多好的教授人才来指导，趁此机会加以利用。社会上需要什么，不要管他，家里的爸爸、妈妈、哥哥、朋友等，要你做律师、做医生，你也不要管他们，不要听他们的话，只要跟着自己的兴趣走。想起当初我哥哥要我学开矿、造铁路，我也没听他的话。自己变来变去变成一个老不成器的人。后来我哥哥也没说什么。只管我自己，别人不要管他。依着“性之所近，力之所能”学下去，其未来对国家的贡献也许比现在盲目所选的或被动选择的学科会大得多，将来前途也是无可限量的。下课了！下课了！谢谢各位。

关注未解决的活的问题*

无论什么民族、国家，一定要有他当代的哲学家、思想家，来解决一个民族、一个国家当前的、急迫的社会问题，政治问题，人生问题……

今年我来北平三次，都没有久住。这次到平，不久还得回上海一行。我所授的功课，等到下学期，才可授课；这学期是不能上课了。

我离开本校，到现在已经四年多了；现在又有机会到北大，与同学来共同讨论学问，若大家能共同努力，或许在将来的学术界、思想界产生一种新的东西，新的贡献。古人说“教学相长”。所以我个人现在又来到北大，觉着非常慰快。

以前我在这里的时候，哲学系人非常多，班次太大；不能大家互相讨论研究。那时，选我的功课有二百余人，没有办法，只好在礼堂上讲讲。我在北大总共八年，最得力的，是我初到北大的一二年；因为那时人很少，便于研究，可以大家来共同讨论、研究。

无论研究什么学问，非自己来研究不可，只在堂上听听是研究

* 本文是胡适 1930 年 12 月 7 日在北京大学哲学系同学欢迎会上的讲话，王维诚记录。原载 1930 年 12 月 15 日《北京大学日刊》。录自《胡适全集》第 20 卷，安徽教育出版社 2003 年版。现题是本书编选者所加。

不好的；尤其是哲学，非在堂下彼此互相讨论，闭门研究不可。我从前在本校授课时，即重此点，不重堂上考试，每学年终了，叫同学作论文一篇。往往把我不能解决的问题作题目，叫同学来研究；可是常常在同学的论文中，我得到许多新的见解，或解决我所未解决的问题。可见自己研究重要了。

前次我在协和医大礼堂讲“哲学是什么？”到今天报纸上还有许多人来和我辩论。我的意思是说哲学与科学本来是一家，不过哲学到现在有好些部分是被科学拿去了；本来哲学与科学都是来发明宇宙的真理，来解决人生问题的！解决问题到了确定的程度，就成为科学；没有到正确的程度，就是哲学。过去的哲学不过是不高明的科学，很幼稚的科学罢了。实在没有什么根本上的不同，我们看过去的历史就明白了。例如希腊哲学家 Aristotle 所研究的问题，所要解决的问题；也是现在科学上所研究的问题，所要解决的问题。又如 Dcniogiirn 的原子论，就是一个例子。所研究的对象是一样的，不过哲学上的原子论，是很幼稚；科学上的研究，是很正确很精密罢了。科学上研究原子，不只知道原子的数目、成分；又由原子分析到分子、电子……实则科学上的原子问题，就是哲学家德莫克利脱斯所提起的问题。所以哲学与科学没有什么根本上的差异。过去的哲学不过是幼稚的、不高明的科学，与科学是一样，都是要发明宇宙的真理，解决人生的问题的。现在有人说什么“哲学者，科学之基础也！”“哲学者，科学之科学也”！Philusphyiy Suiunce of Suicnc 仍是哲学上的旧把戏！

我们知道无论什么民族、国家，一定要有他当代的哲学家、思想家，来解决一个民族，一个国家当前的、急迫的社会问题，政治问题，人生问题，并不是要解决科学上所已经解决的问题，拿来玩把戏；是要解决科学以外所未解决的问题。或帮同科学来解决所未解决的问题，发明未发现的真理。这就是现在哲学的任务，现在哲学家的使命！

过去的知识、历史，与当前的问题没有什么关系。过去哲学上、科学上的知识，不能拿来解决当前哲学上、科学上的问题；古代的成功或失败，仅足作我们的指导和教训。要解决当前的问题，非当代的哲学家来重新解决不可。譬如过去的哲学虽有中国、印度、西洋三方面，解决了许多问题，也有相当的成功；但都不足解决我们当前的问题，只可供我们解决当前问题的参考罢了。

过去的北大，所以能占领导地位者，就是因为不专研究过去历史上的死问题，已经解决的问题；而是注重活的问题，当代社会、人生、政治……所未解决的问题，来研究他，来解决他！望诸位同学，仍要照着这个方向去努力！

诸位同学！要认清现在还有许多问题没有解决，这许多当前急待解决而未解决的问题，都靠我们来解决他，不要怕哲学的饭碗没有，哲学饭碗被人打破！

做个不受人惑的人*

你们应该努力做个不受人惑的人。你们能够做个不受人惑的人吗？这个全凭自己的努力。……必须自己能够不受人惑，方才可以希望指引别人不受人惑。

一个大学里，哲学系应该是最不时髦的一系，人数应该最少。但北大的哲学系向来有不少的学生，这是我常常诧异的事。我常常想，这许多哲学学生，毕业之后，应该做些什么事？能够做些什么事？

现在你们都要毕业了。你们自然也都在想，“我们应该做些什么？我们能够做些什么？”

依我的愚见，一个哲学系的目的应该不是教你们死读哲学书，也不是教你们接受某派某人的哲学。

禅宗有个和尚曾说：“达摩东来，只是要寻一个不受人惑的人。”我想借用这句话来说：“哲学教授的目的也只是要造出几个不受人惑的人。”

你们应该做些什么？你们应该努力做个不受人惑的人。

---

* 本文是胡适 1931 年 5 月 5 日给北大哲学系毕业生的纪念赠言。收入 1994 年人民教育出版社《胡适教育论著选》等。录自《胡适全集》第 20 卷，安徽教育出版社 2003 年版。现题是本书编选者所加。

你们能够做个不受人惑的人吗？这个全凭自己的努力。

如果你们不敢十分自信，我这里有一件小小法宝，送给你们带去做一件防身工具。这件小法宝只是四个字："拿证据来！"

这里还有一只小小锦囊，装着这件小法宝的用法："没有证据，只可悬而不断；证据不够，只可假设，不可武断；必须等到证实之后，方才可以算做定论。"

必须自己能够不受人惑，方才可以希望指引别人不受人惑。

朋友们，大家珍重！

人生的知识准备*

一个受过训练的头脑，就是对于易陷入于偏见、武断和盲目接受传统与权威的陷阱，存在戒心和疑惧。……他之所以怀疑是为了想确切相信一件事。

一

在这个值得纪念的仪式完毕之后，你们就被列入少数特权分子之列——大学毕业生。今天并不是标示着人生一段时期的结束或完毕，而是一个新生活的开始，一个真正生活和真正充满责任的开端。

人家对你们作为大学毕业生的，总期望会与平常人有所不同，和大多数没有念过大学的人有所不同。他们预料你们言行会有怪异之处。

你们有些人或许不喜欢人家把你们目为与众不同、言行怪异的人。你们或许想要和群众混在一起，不分彼此。

让我们向你们保证，要回到群众中间，使人不分彼此，是一件

* 本文原题为《知识的准备》，系胡适 1941 年 6 月中旬在美国普渡大学毕业典礼上的讲演，郭博信翻译。录自《胡适全集》第 20 卷，安徽教育出版社 2003 年版。现题是本书编者所加。

容易做到的事。假如你们有这个愿望，你们随时都可以做到，你们随时都可以成为一个“好同伴”，一个“易于相处的人”，——而人们，包括你们自己，马上就会忘记你们曾经念过大学这回事。

虽然大学教育当然不该把我们造成为“势利之徒”和“古怪的人”，可是我们大学毕业生一直保留一点儿与众不同的标志，却也不是一件坏事。这一点儿与众不同的标志，我相信，是任何学术机构的教育家所最希望造成的。

大学男女学生与众不同的这个标志是什么呢？多数教育家都很可能会同意的说，那是一个多少受过训练的脑筋，——一个多少有规律的思想方式——这会使得，也应当使得，受大学教育的人显出有些与众不同的地方。

一个头脑受过训练的人在看一件事是用批判和客观的态度，而且也用适当的智识学问为凭依。他不容许偏见和个人的利益来影响他的判断，和左右他的观点。他一直都是好奇的，但是他绝对不会轻易相信人。他并不仓卒的下结论，也不轻易的附和他人的意见，他宁愿耽搁一段时间，一直等到他有充分的时间来查考事实和证据后，才下结论。

总而言之，一个受过训练的头脑，就是对于易陷入于偏见、武断和盲目接受传统与权威的陷阱，存在戒心和疑惧。同时，一个受过训练的脑筋绝不是消极或是毁灭性的。他怀疑人并不是喜欢怀疑的缘故；也并不是认为“所有的话都有可疑之处，所有的判断都有虚假之处。”他之所以怀疑是为了想确切相信一件事。为了要根据更坚固的证据和更健全的推理为基础，来建立或重新建立信仰。

你们四年的研究和实验工作一定教过你们独立思考、客观判断、有系统的推理，和根据证据来相信某一件事的习惯。这些就是，也应当是，标示一个人是大学生的标志。就是这些特征才使你们显得“与众不同”和“怪异”，而这些特征可能会使你们不孚众望和不受欢迎，甚至为你们社会里大多数人所畏避和摒弃。

可是，这些有点令人烦恼的特点却是你们母校于你们居留在此时间中，所教导你们而为此最感觉自豪的事。这些求知习惯的训练，如果我没有判断错误的话，也就是你们在大学里有责任予以培养起来的，回家时从这个校园里所带走的，并且在你们整个一生和在你们一切各种活动中，所继续不断的实行和发展的。

伟大的英国科学家，同时也是哲学家的赫胥黎（Thomas. H. Husley）曾说过：“一个人一生中最神圣的行为就是口里讲，内心深感觉到这句话：‘我相信某件事是实在的。’紧附在那个行为上的是人生存在世上一切最大的报酬和一切最严重的责罚。”要成功的完成这一个“最神圣的行为”，那应用在判断、思考，和信仰上的思想训练和规律是必要的。

所以在这一个值得纪念的日子，你们必须问自己的第一个问题就是：我是否获得所期望于为一个受大学教育的我所应有的充分智识训练吗？我的头脑是否有充分的装备和准备来做赫胥黎所说的“一个人一生中最神圣的行为”？

二

我们必须要体会到“一个人一生中最神圣的行为”也同时是我们日常所需做的行为。另一个英国哲学家弥尔（John Stuart Mill）曾说过："各个人每天每时每刻都需要确切证实他所没有直接观察过的事情……法官、军事指挥官、航海人员、医师、农场经营者（**我们还可以加上一般的公民和选民**）的事，也不过是将证据加以判断，并按照判断采取行动……就根据他们做法（**思考和推论**）的优劣，就可决定他们是否尽其分内的职责。这是头脑所不停从事的职责。"

由于人人每日每时都需要思考，所以人在思考时，极容易流于疏忽，漠不关心，和习惯性的态度。大学教育毕竟难以教给我们一整套精通与永久适用的求知习惯，原因是其所需的时间远超过大学的四年。大学毕业生离开了他的实验室和图书馆，往往感觉到他已经工作得太劳累，思考得太辛苦，毕业后应当享受到一种可以不必求知识的假期。他可能太忙或者太懒，而无法把他在大学里刚学到而还没有精通的知识训练继续下去。他可能不喜欢标榜自己为受过大学教育"好炫耀博学的人"。他可能发现讲幼稚的话与随和大众的反应是一种调剂，甚至是一种愉快的事。无论如何，大学毕业生离开大学之后，最普遍的危险就是溜回到怠惰和懒散方式的思考和信仰。

所以大学生离开学校后，最困难的问题就是如何继续培养精稔实验室研究的思考态度和技术，以便将这种思考的态度和技术扩展到他日常思想、生活，和各种活动上去。

天下没有一个普遍适用以提防这种懒病复发的公式。但是我们仍然想献给列位一个简单的妙计，这个妙计对我自己和对我的学生和朋友都很实用。

我所想要建议的是各个大学毕业生都应当有一个或两个或更多足以引起兴趣和好奇心的疑难问题，借以激起他的注意、研究、探讨，或实验的心思。你们大家都知道的，一切科学的成就都是由于一个疑难的问题碰巧激起某一个观察者的好奇心和想象力所促成的。有人说没装备良好的图书馆和实验室是无法延续求知的兴趣。这句话是不确实的。请问亚基米德、伽利略、牛顿、法拉第，或者甚至达尔文或巴斯德究竟有什么实验室或图书馆的装备呢？一个大学毕业生所需要的仅是一些会激起他的好奇心，引起他的求知欲和挑激他的想法求解决的有趣的难题。那种挑激引发的性质就足够引致他搜集资料、触类旁通、设计工具，和建立简单而适用的试验和实验室。一个人对于一些引人好奇的难题不发生兴趣的话，就是处在设备良好的实验室和博物馆中，智识上也不会有任何发展。

四年的大学教育所给予我们的，毕业只不过是已经研究出来和尚未研究出来的学问浩翰范围的一瞥而已。不管我们主修的是那一个科目，我们都不应当有自满的感觉，以为在我们专门科目范围内，已经没有不解决的问题存在。凡是离开母校大门而没有带一两个智识上的难题回家去，和一两个在他清醒时一直缠绕着他的问题，这个人的智识生活可以说是已经寿终正寝了。

这是我给你们的劝告：在这一个值得纪念的日子里，你们该花费几分钟，为你们自己列了一个智识的清单，假如没有一两个值得你们下决心解决的智识难题，就不轻易步入这个大世界。你们不能带走你们的教授，也不能带走学校的图书馆和实验室。可是你们带走几个难题。这些难题时刻都会使你们智识上的自满和怠惰下来的心受到困扰。除非你们向这些难题进攻，并加以解决，否则你们就一直不得安宁。那时候，你们看吧，在处理和解决这些小难题的时候，你们不但使你们思考和研究的技术逐渐纯熟和精稔，而且同时开拓出智识的新地平线并达到科学的新高峰。

三

这种一直有一些激起好奇心和兴趣疑难问题来刺激你们的小妙计有许多功用。这个妙计可使你们一生中对研究学问的兴趣永存不灭，可开展你们新嗜好的兴趣，把你们日常生活提高到超过惯性和苦闷的水准之上。常常在沉静的夜里，你们突然成功的解决了一个讨厌的难题而很希望叫醒你们的家人，对他们叫喊着说："我找到了，我找到了！"那时候给你们的是智识上的狂喜和很大的乐趣。

但是这种自找问题和解决问题方式最重要的用处，是在于用来训练我们的能力，磨炼我们的智慧，而因此使我们能精稔实验与研究的方法和技术。对思考技术的精稔可能引使你们达到创造性的智识高峰；但是也同时会渐渐的普遍应用在你们整个生活上，并且使你们在处理日常活动时，成为比较懂得判断的人，会使你们成为更好的公民，更聪明的选民，更有智识的报纸读者，成为对于目前国家大事或国际大事一个更为胜任的评论者。

这个训练对于为一个民主国家里公民和选民的你们是特别重要的。你们所生活的时代是一片充满了惊心动魄事件的时代，一个势要毁灭你们政府和文化根基的战争时代。而从各方面拥集到你们身上的是强有力不让人批驳的思想形态，巧妙的宣传，以及随意歪曲的历史。希望你们在这个要把人弄得团团转的旋风世界中，要建立起你们的判断力，要下自己的决定，投你们的票，和尽你们的本分。

有人会警告你们要特别提高警觉，以提防邪恶宣传的侵袭。可是你们要怎样做才能防御宣传的侵入呢？因为那些警告你们的人本身往往就是职业的宣传员，只不过他们罐头上所用的是不同的商标；

但这些罐头里照样是陈旧的和不准批驳的东西！

例如，有人告诉你们，上次世界大战所有一切唯心论的标语，像“为世界民主政治的安全而战”和“以战争来消弭战争”，这些话，都是想讨人欢喜的空谈和烟幕而已。但是揭露这件事的人也就是宣传者，他要我们全体都相信美国之参加上次世界大战是那些“担心美元英镑贬值”放高利贷者和发战争财者所促成的。

再看另一个例子。你们是在一个信仰所培养之下长大起来的。这些信仰就是相信你们的政府形式，属于人民的政府，尊敬个人的自由，特别是相信那保护思想、信仰、表达，和出版等自由的政府形式是人类最伟大的成就之一；但是我们这一代的新先知们却告诉你们说，民主的代议政府仅是资本主义制度下的一个必然的副产品，这个制度并没有实质的优点，也没有永恒的价值；他们又说个人的自由并不一定是人们所希求的；为了集体的福利和权力的利益起见，个人的自由应当视为次要的，甚至应当加以抑压下去的。

这些和许多其他相反的论调到处都可以看到听到，都想要迷惑你们的思想，麻木你们的行动。你们需要怎么样准备自己来对付一切所有这些相反的论调呢？当然不会是紧闭着眼睛不看，掩盖着耳朵不听吧。当然也不会躲在良好的古老传统信仰的后面求庇护吧，因为受攻击和挑衅的就是古老的传统本身。当然也不会是诚心诚意的接受这种陈腔烂调和不准批驳的思想和信仰的体系，因为这样一个教条式的思想体系可能使你们丢失了很多的独立思想，会束缚和奴役你们的思想，以致从此之后，你们在智识上说，仅是机械一个而已。

你们可能希望能保持精神上的平衡和宁静，能够运用你们自己的判断，唯一的方法就是训练你们的思想，精稔自由沉静思考的技术。使我们更充分了解智识训练的价值和功效的就是在这智识困惑和混乱的时代。这个训练会使我们能够找到真理——使我们获得自由的真理。

关于这种训练与技术，并没有什么神秘的地方。那就是你们在实验室里所学到的，也就是你们最优秀的教师终生所从事，而在你们研究论文上所教你们的方法，那就是研究和实验的科学方法。也就是你们要学习应用于解决我所劝你们时刻要找一两个疑难问题所用的同样方法。这个方法，如果训练得纯熟精通，会使我们能在思考我们每天必须面对有关社会、经济，和政治各项问题时，会更清楚、会更胜任的。

以其要素言，这个科学技术包括非常专心注意于各种建议、思想和理论，以及后果的控制和试验。一切思考是以考虑一个困惑的问题或情况开始的。所有一切能够解决这个困惑问题的假设都是受欢迎的。但是各个假设的论点却必须以在采用后可能产生的后果来作为适用与否的试验，凡是其后果最能满意克服原先困惑所在的假设，就可接受为最好和最真实的解决方法。这是一切自然、历史，和社会科学的思考要素。

人类最大的谬误，就是以为社会和政治问题简单得很，所以根本不需要科学方法的严格训练，而只要根据实际经验就可以判断，就可以解决。

但是事实却是刚刚相反的。社会与政治问题是关联着千千万万人命和福利的问题。就是由于这些极具复杂性和重要性的问题是十分困难的，所以使得这些问题到今日还没有办法以准确的定量衡量方法和试验与实验的精确方法来计量。甚至以最审慎的态度和用严格的方法无法保证绝无错误。但是这些困难却省免不了我们用尽一切审慎和批判的洞察力来处理这些庞大的社会和政治问题的必要。

两千五百年前某诸侯问孔子说："一言而可以兴邦，……一言而丧邦有诸？……"

想到社会与政治的问题，总会提醒我们关于向孔子请教的这两个问题，因为对社会与政治的思考必然会连带想起和计划整个国家、整个社会，或者整个世界的事。所以一切社会与政治理论在用以处理一个情况时，如果粗心大意或固守教条，严重的说来，可能有时候会促成预料不到的混乱、退步、战争，和毁灭，有时就真的是一言兴邦，一言丧邦。

刚就在前天，希特勒对他的军队发出一个命令，其中说到一句话：他要决定他的国家和人民未来一千年的命运！

但希特勒先生一个人是无法以个人的思想来决定千千万万人的生死问题。你们在这里所有的人需要考虑你们即将来临的本地与全国选举中有所选择，所有的人需要对和战问题表达意见，并不决定。是的，你们也会考虑到一个情况，你们在这个情况中的思考是正确，是错误，就会影响千千万万人的福利，也可能直接或间接的决定未来一千年世界与其文化的命运！

所以为少数特权阶级的我们大学男女，严肃的和胜任的把自己准备好，以便像在今日的这个时代，这个世界，每日从事思考和判断，把我们自己训练好，以便作有责任心的思考，乃是我们神圣的任务。

有责任心的思考至少含着三个主要的要求：第一，把我们的事实加以证明，把证据加以考查；第二，如有差错，谦虚的承认错误，慎防偏见和武断；第三，愿意尽量彻底获致一切会随着我们观点和理论而来的可能后果，并且道德上对这些后果负责任。

怠惰的思考，容许个人和党团的因素不知不觉的影响我们的思考，接受陈腐和不加分析的思想为思考之前提，或者未能努力以获致可能后果，来试验一个人的思想是否正确等等就是智识上不负责任的表现。

你们是否充分准备来做这件在你们一生中最神圣的行动——有责任心的思考?

天下没有白费的努力*

堕落的方式很多，总括起来，约有这两大类：第一是容易抛弃学生时代的求知识的欲望。第二是容易抛弃学生时代的理想的人生的追求。

这一两个星期里，各地的大学都有毕业的班次，都有很多的毕业生离开学校去开始他们的成人事业。学生的生活是一种享有特殊优待的生活，不妨幼稚一点，不妨吵吵闹闹，社会都能纵容他们，不肯严格的要他们负行为的责任。现在他们要撑起自己的肩膀来挑他们自己的担子了。在这个国难最紧急的年头，他们的担子真不轻！我们祝他们的成功，同时也不忍不依据我们自己的经验，赠与他们几句送行的赠言，——虽未必是救命毫毛，也许作个防身的锦囊罢！

你们毕业之后，可走的路不出这几条：绝少数的人还可以在国内或国外的研究院继续作学术研究；少数的人可以寻着相当的职业；此外还有做官，办党，革命三条路；此外就是在家享福或者失业闲居

* 本文作于1932年6月27日夜，原题为《赠与今年的大学毕业生》，原载1932年7月3日《独立评论》第7号，录自《胡适全集》第4卷，安徽教育出版社2003年版。现题为本书编者所加。

了。第一条继续求学之路，我们可以不讨论。走其余几条路的人，都不能没有堕落的危险。堕落的方式很多，总括起来，约有这两大类：

第一是容易抛弃学生时代的求知识的欲望。你们到了实际社会里，往往所用非所学，往往所学全无用处，往往可以完全用不着学问，而一样可以胡乱混饭吃，混官做。在这种环境里，即使向来抱有求知识学问的决心的人，也不免心灰意懒，把求知的欲望渐渐冷淡下去。况且学问是要有相当的设备的；书籍，试验室，师友的切磋指导，闲暇的工夫，都不是一个平常要糊口养家的人所能容易办到的。没有做学问的环境，又谁能怪我们抛弃学问呢？

第二是容易抛弃学生时代的理想的人生的追求。少年人初次与冷酷的社会接触，容易感觉理想与事实相去太远，容易发生悲观和失望。多年怀抱的人生理想，改造的热诚，奋斗的勇气，到此时候，好像全不是那么一回事。眇小的个人在那强烈的社会炉火里，往往经不起长时期的烤炼就熔化了，一点高尚的理想不久就幻灭了。抱着改造社会的梦想而来，往往是弃甲曳兵而走，或者做了恶势力的俘虏。你在那俘虏牢狱里，回想那少年气壮时代的种种理想主义，好像都成了自误误人的迷梦！从此以后，你就甘心放弃理想人生的追求，甘心做现成社会的顺民了。

要防御这两方面的堕落，一面要保持我们求知识的欲望，一面要保持我们对于理想人生的追求。有什么好法子呢？依我个人的观察和经验，有三种防身的药方是值得一试的。

第一个方子只有一句话："总得时时寻一两个值得研究的问题！"问题是知识学问的老祖宗；古今来一切知识的产生与积聚，都是因为要解答问题，——要解答实用上的困难或理论上的疑难。所谓"为知识而求知识”，其实也只是一种好奇心追求某种问题的解答，不过因为那种问题的性质不必是直接应用的，人们就觉得这是“无所为”的求知识了。我们出学校之后，离开了做学问的环境，如果没有一个两个值得解答的疑难问题在脑子里盘旋，就很难继续保持追求学问的热心。可是，如果你有了一个真有趣的问题天天逗你去想他，天天引诱你去解决他，天天对你挑衅笑你无可奈他，——这时候，你就会同恋爱一个女子发了疯一样，坐也坐不下，睡也睡不安，没工夫也得偷出工夫去陪她，没钱也得蹭衣节食去巴结她。没有书，你自会变卖家私去买书；没有仪器，你自会典押衣服去置办仪器；没有师友，你自会不远千里去寻师访友。你只要能时时有疑难问题来逼你用脑子，你自然会保持发展你对学问的兴趣，即使在最贫乏的智识环境中，你也会慢慢的聚起一个小图书馆来，或者设置起一所小试验室来。所以我说：第一要寻问题。脑子里没有问题之日，就是你的智识生活寿终正寝之时！古人说，“待文王而兴者，凡民也。若夫豪杰之士，虽无文王犹兴。”试想葛理略[①]（Galieo）和牛敦（Newton）有多少藏书？有多少仪器？他们不过是有问题而已。有了问题而后，他们自会造出仪器来解答他们的问题。没有问题的人们，关在图书馆里也不会用书，锁在试验室里也不会有什么发现。

第二个方子也只有一句话：“总得多发展一点非职业的兴趣。”离开学校之后，大家总得寻个吃饭的职业。可是你寻得的职业未必就是你所学的，或者未必是你所心喜的，或者是你所学而实在和你的性情不相近的。在这种状况之下，工作就往往成了苦工，就不感

① 葛理略（Galileo Galiei，1564—1642）现通译伽利略，意大利著名天文学家、物理学家。

觉兴趣了。为糊口而作那种非“性之所近而力之所能勉”的工作，就很难保持求知的兴趣和生活的理想主义。最好的救济方法只有多多发展职业以外的正当兴趣与活动。一个人应该有他的职业，又应该有他的非职业的玩意儿，可以叫做业余活动。凡一个人用他的闲暇来做的事业，都是他的业余活动。往往他的业余活动比他的职业还更重要，因为一个人的前程往往全靠他怎样用他的闲暇时间。他用他的闲暇来打麻将，他就成个赌徒；你用你的闲暇来做社会服务，你也许成个社会改革者；或者你用你的闲暇去研究历史，你也许成个史学家。你的闲暇往往定你的终身。英国十九世纪的两个哲人，弥儿（J . S. Mill）终身做东印度公司的秘书，然而他的业余工作使他在哲学上，经济学上，政治思想史上都占一个很高的位置；斯宾塞（Spencer）是一个测量工程师，然而他的业余工作使他成为前世纪晚期世界思想界的一个重镇。古来成大学问的人，几乎没有一个不是善用他的闲暇时间的。特别在这个组织不健全的中国社会，职业不容易适合我们性情，我们要想生活不苦痛或不堕落，只有多方发展业余的兴趣，使我们的精神有所寄托，使我们的剩余精力有所施展。有了这种心爱的玩意儿，你就做六个钟头的抹桌子工夫也不会感觉烦闷了，因为你知道，抹了六点钟的桌子之后，你可以回家去做你的化学研究，或画完你的大幅山水，或写你的小说戏曲，或继续你的历史考据，或做你的社会改革事业。你有了这种称心如意的活动，生活就不枯寂了，精神也就不会烦闷了。

第三个方子也只有一句话：“你总得有一点信心。”我们生当这个不幸的时代，眼中所见，耳中所闻，无非是叫我们悲观失望的。特别是在这个年头毕业的你们，眼见自己的国家民族沉沦到这步田地，眼看世界只是强权的世界，望极天边好像看不见一线的光明，——在这个年头不发狂自杀，已算是万幸了，怎么还能够希望保持一点内心的镇定和理想的信任呢？我要对你们说：这时候正是我们要培养我们的信心的时候！只要我们有信心，我们还有救。古人说："信心（Faith）可以移山。"又说："只要工夫深，生铁磨成绣花针。"你不信吗？当拿破仑的军队征服普鲁士占据柏林的时候，有一位穷教授叫做菲希特（Fichte）的，天天在讲堂上劝他的国人要有信心，要信仰他们的民族是有世界的特殊使命的，是必定要复兴的。菲希特死的时候（1814），谁也不能预料德意志统一帝国何时可以实现。然而不满五十年，新的统一的德意志帝国居然实现了。

一个国家的强弱盛衰，都不是偶然的，都不能逃出因果的铁律的。我们今日所受的苦痛和耻辱，都只是过去种种恶因种下的恶果。我们要收将来的善果，必须努力种现在的新因。一粒一粒的种，必有满仓满屋的收，这是我们今日应该有的信心。

我们要深信：今日的失败，都由于过去的不努力。

我们要深信：今日的努力，必定有将来的大收成。

佛典里有一句话："福不唐捐。"唐捐就是白白的丢了。我们也应该说："功不唐捐！"没有一点努力是会白白的丢了的。在我们看不见想不到的时候，在我们看不见想不到的方向，你瞧！你下的种子早已生根发叶开花结果了！

你不信吗？法国被普鲁士打败之后，割了两省地，赔了五十万万佛郎[①]的赔款。这时候有一位刻苦的科学家巴斯德

① 佛郎现通译法朗。

（Pasteur）终日埋头在他的试验室里做他的化学试验和微菌学研究。他是一个最爱国的人，然而他深信只有科学可以救国。他用一生的精力证明了三个科学问题：（1）每一种发酵作用都是由于一种微菌的发展；（2）每一种传染病都是由于一种微菌在生物体中的发展；（3）传染病的微菌，在特殊的培养之下，可以减轻毒力，使它从病菌变成防病的药苗。——这三个问题，在表面上似乎都和救国大事业没有多大的关系。然而从第一个问题的证明，巴斯德定出做醋酿酒的新法，使全国的酒醋业每年减除极大的损失。从第二个问题的证明，巴斯德教全国的蚕丝业怎样选种防病，教全国的畜牧农家怎样防止牛羊瘟疫，又教全世界的医学界怎样注重消毒以减除外科手术的死亡率。从第三个问题的证明，巴斯德发明了牲畜的脾热瘟的疗治药苗，每年替法国农家灭除了二千万佛郎的大损失；又发明了疯狗咬毒的治疗法，救济了无数的生命。所以英国的科学家赫胥黎（Huxley）在皇家学会里称颂巴斯德的功绩道："法国给了德国五十万万佛郎的赔款，巴斯德先生一个人研究科学的成绩足够还清这一笔赔款了。"

巴斯德对于科学有绝大的信心，所以他在国家蒙奇辱大难的时候，终不肯抛弃他的显微镜与试验室。他绝不想他的显微镜底下能偿还五十万万佛郎的赔款，然而在他看不见想不到的时候，他已收获了科学救国的奇迹了。

朋友们，在你最悲观最失望的时候，那正是你必须鼓起坚强的信心的时候。你要深信：天下没有白费的努力。成功不必在我，而功力必不唐捐。

说婚姻*

婚姻为人生极大的问题，万不可忽略，但是据在下看来，我们中国人，未免把这婚姻一事看得太轻了。……这便是国危种弱的根苗，这便是强种救国的关键……

婚姻为人生极大问题，万不可忽略，但是据在下看来，我们中国人，未免把这婚姻一事看得太轻了。列位要晓得，这便是国危种弱的根苗，这便是强种救国的关键，在下万不敢不来直切痛快的说一番，使我们中国人大家留心留心！

现在的新学家，都说中国的婚姻是极专制的，是极不自由的。中国的婚姻所以不进步，也只为父母太专制的缘故。一个人如此说，二个人也如此说，便把现在所有的青年子弟，都哄得什么似的，都说这中国婚姻，是极专制的，是极要改做自由结婚的。唉！列位，这句话是大错的，是大错的。如今且请列位听我一一道来。

在下今天是要说，我们中国的婚姻，是极不专制的，是极随便的，因为太不专制了，太放任了，所以才有这种极恶的结果。列位要不肯相信在下的话，且让在下说几件最普通的证据［给］大家听听。

---

* 本文原题为《婚姻篇》，载 1908 年 8 月 17 日至 27 日《竞业旬报》第 24 至 25 期。署名“铁儿”。录自《胡适全集》第 21 卷，安徽教育出版社 2003 年版。现题是本书编者所加。

（一）你看人家有了儿子，到了十几岁，便说是时候到了，要娶亲了。那时候，将来儿子学好不学好，养得活老婆养不活老婆，做父母的都不留一些儿心，一心只想人家叫他一声公公婆婆，便是了。那儿子娶亲以后和睦不和睦，相安不相安都不管了。列位，这不是随便么？

（二）人家有了儿女，到了年纪，便有那些做媒的媒婆，到女家来开了年庚八字，送到男家去。他到女家便说那男家如何有钱，女婿如何聪明，说得天花乱坠。他到了男家便说女儿如何美貌，女家嫁妆如何丰厚，也说一个锦上添花。列位，你想古人把媒婆算作三姑六婆之一，可见那做媒婆的人，断没有一个好的。俗语说得好："媒婆一张嘴，活的说得死"，你想这样的人的说话是可以信得的么？这种人那婚姻大事，岂可付托于他，岂可靠得住？然而我们中国那些为人父为人母的人，看那媒婆说一句，他便听一句，也不管这媒婆是人是鬼，可信不可信，你想做父母的人，如何可以把儿女的终身大事，付托这种小人。唉！这是专制呢？还是随便呢？

在我们安徽，这一种媒婆竟是把做媒当做一种专门行业做的，这一种人定是孤独或是贫苦无家可归，无饭可吃，全靠这一张嘴骗几餐酒肉，赚几个口孽钱来度日，所以这做媒一事，几几乎全是那一种下流泼妇的饭碗了。你想人家儿女的百年大事，却拿去给这种小人泼妇当一件买卖做。唉！这又是谁的罪过呵！

（三）做父母的，把儿女的终身大事，付托媒婆已经是随便极了，不料那做父母的，还要把儿女婚姻的责任付与一种瞎了眼睛五官不全的算命先生，开了八字年庚请他推算，合也不合？相克么？相冲么？于是那儿女的终身大事，遂决于这瞎子片言之下。列位，一个人究竟有八字无八字，那八字究竟有准无准，这个话说起来，很费时候，如今且告诉列位一句书是："托于鬼神时日卜筮以乱众者诛"，这句书出在《礼记》上，意思是说如有人敢借这求神、问鬼、择日、算命、卜卦等等名目来惑乱人心，这人便该受杀头之罪，这真是圣王之道。现在那些算命的不是托于时日卜筮以乱众的么？只可惜几千年来只出了几百个脓包皇帝混账官员，那里懂得这种道理，纵容得这一班五官不全的瞎子无法无天的作起威福来了，甚至于到了如今竟然把那全国青年男女的婚姻大事，都敢操之一手了。你想放着好好的人不去请教，到要去问那种残疾的杀坯，这一种做父母的，还是专制呢？还是随便呢？唉！

这算命的道理，将来兄弟还要痛论一番，列位请少待。

（四）做父母的，随便到这步地位，也可以算得极顶了。不料那做父母的，还要把这主婚的权利，送给那些木雕泥塑的菩萨，把那男女二人的年庚八字，送到那菩萨面前，点了香烛，磕了头，求两根签诗，掷一下筶，那签诗的吉凶，筶的阴阳，便是那男女婚姻的结果了。唉！在下先前不是说过的么，"男女婚姻乃是人生的一件大事，断不可忽略的"，怎么那做人父母的，自己分明是个人，为什么倒要去问那冥顽不灵的烂泥菩萨呢？那世界上究竟有菩萨呢？没有菩萨呢？在下现在也没有许多时候来说明这条个问题，如今也说一句话："我现在是极不信菩萨的，是要骂菩萨的要打菩萨的，菩萨如果有灵何不马上显些感应，把我的手风了做不得报，使我死心塌地一心信佛，那便是真正有菩萨了。"列位且待至本报第二十五期，要是兄弟还做得报，写得字，那时候奉劝列位，也不要信菩萨了罢！闲话少说，言归正传，如今且问列位，我们中国的婚姻，是木雕泥塑的死菩萨主持的，这是专制呢？还是随便呢？

照兄弟的意思看来，中国的婚姻，是极随便极放任的了。为什么呢？你看兄弟上面所述的几条，那一条，父母担一毫责任？你看中国男女的终身，一误于父母之初心，二误于媒妁，三误于算命先生，四误于土偶木头，随随便便，便把中国四万万人，合成了许许多多的怨耦，造成了无数不和睦的家族。唉！看官要晓得，夫妇不相爱，家族不和睦，那还养育得好子孙么？我中国几千年来，人种一日贱一日，道德一日堕落一日，体格一日弱似一日，都只为做父母的太不留意于子女的婚姻了，太不专制了。兄弟现在说这话，兄弟也晓得一定要得罪了许多的志士青年，然而兄弟的良心，逼我要说，兄弟也不得不说了。

兄弟所说"中国婚姻不专制"是已说过了，虽不敢说痛快直截，大约列位看官中也有一二位相信的了。但是上面所说的是中国的弊端，有了这个弊，便该想一个法子来救弊才是。那救弊之法是怎样呢？

照我的意思，这救弊之法，须要参酌中外的婚姻制度，执乎其中，才可用得。第一是，要父母主婚；第二是，要子女有权干预。这二条办法，是因为我们生在中国，才如此做，要就"中国"二字上因时制宜的。列位且听我一一说来。

第一，父母主婚。现在上海有一部书叫做《法意》，是法国一位大儒孟德斯鸿[①]做的。他那书中有一段，说得最好，兄弟把来翻做白话，给大家看看。那书中道：

我所以要说婚姻要父母主张者，因为做父母的，慈爱最深，

① 孟德斯鸿（Monte Squieu，1689—1755），今通译孟德斯鸠，法国著名启蒙思想家、法学家。《法意》今通译《论法的精神》。

况且多活了几岁年纪，见识思想毕竟比做子女的强些，见得到些，要是专靠子女的心思，那做子女的，年纪既轻，阅历世故自然极浅了。况且少年心思必不周到，一时之间，为情欲所蔽，往往把眼面前的东西，当做极好，再也不会瞻前顾后，他们的选择怎么靠得住呢！　　（严译本759页）

这话是一点也不会错的，不用兄弟再说了。但是他那书中还有一句话，说："做父母的和子女最亲切而且知道子女的性格，别人断比不上。"这句话行到中国，便有些不合用了。古语道得好："人莫知其子之恶，莫知其苗之硕。"可见得父母爱子过深，反不明白做儿女的性格了。全国的人，内中自然有一二明白的人，但是溺爱不明的人居多，所以那些讲新学的人便说这是一定要男女自由结婚的。兄弟却不如此。因为父母溺爱不明，难道做子女的便都是事理通达的人么？所以兄弟说一定要父母主婚，这是极正当极合时势的办法，兄弟却要恭恭敬敬的告诉我中国千千万万的做父母的，极希望那些做父母的，个个都把儿女的婚姻，看做一家一族的最大问题。不但看做一家一族的最大问题，而且要看做中国的大问题，稍稍留一些儿心，担一些儿担子。反转来说，这虽是全国的问题，然而娶两房好媳妇，嫁两个好女婿，这也是做父母的幸福，难道列位做父母的竟有福不会享么？列位做父母的，再要是一定要糊糊涂涂的过信媒人过信瞎子，过信土偶木人，那便是列位自己不要享福，那便是列位自己愿做中国的大罪人。哈哈！那可怪不得那些青年男女要说家庭革命了。

第二，子女有权干预。做父母的，能照兄弟所说的话做去，那是极好的了，但是内中有些父母的嗜好，和做子女的不同。譬如儿子爱学问爱德行，父母却爱银钱，爱美貌，父母尽父母的心力做去，却不合儿子的性情，可不是反了吗？可不是一样的不和睦么？所以兄弟也想一条先事预防的法子，是要使做儿女［的］有干预之权，做父母的也要和儿女相酌而行，这才是完全的好法子了。

还有一层，近来上海各地，有些男女志士，或是学问相长，或是道德相敬，有父母的，便由父母主婚，无父母的，便由师长或朋友介绍，结为婚姻。行礼的时候，何等郑重，何等威仪，这便是一种文明结婚，也是参合中外的婚礼而成的。但是这是为一班有学问有品行的人说法的，而且只可于风气开通的地方行罢了！要在内地一般未开通的父母子女，那还是用用兄弟前面所说的话好呵！

兄弟的话说也说得笔秃口枯了，列位看官，切不可囫囵吞的读过，不然兄弟这一番苦心就白白地废掉了，岂不可惜！

论家庭教育*

什么叫家庭教育呢？就是一个人小的时候在家中所受的教训。这家庭教育在如今，格外要紧，格外不能不办。兄弟是从来不说玩话的呵！

唉，可怜呵！可怜我中国几万万同胞，懵懵懂懂无知无识的生在世界上，给人家瞧不起，给人家当奴才当牛马。这种种的苦趣，种种的耻辱，究竟祸根在哪里？病源在哪里呵？照我看起来，总归是没有家庭教育的结果罢了。

什么叫做家庭教育呢？就是一个人小的时候在家中所受的教训。列位看官，你们不听见俗语中有一句话么："山树条，从小弯"；（这是我们徽州的俗语）又说道："三岁定八十"，可见一个人小的时候，最是要紧。将来成就大圣大贤大英雄大豪杰，或是成就一个大奸大盗小窃偷儿，都在这"家庭教育"四个字上分别出来。儿子孙子将来或是荣宗耀祖，或是玷辱祖宗，也都在这"家庭教育"四个字上分别出来。看官要晓得这少年时代，便是一个人最要紧的关头。这家庭教育便是过这关头的令箭，所以我今天便详详细细的说一番。

---

* 本文原载1908年9月6日出版的《竞业旬报》第26期，收入1994年人民教育出版社《胡适教育论著选》（白吉庵等编）。录自《胡适全集》第20卷，安徽教育出版社2003年版。

列位且听我道来。我们中国古时候，最注重这家庭教育。儿子还在母亲怀中没有生下来，便要行那胎教。做母亲的，席不正不坐；行步不敢不正；不听非礼之音；不说非礼之言，这便叫做胎教。儿子生下地来，便要拣一个好的保姆，好好的教导他。六岁教他什么，七岁教他什么，八岁九岁教什么，到了十岁才出来从师读书。十岁以内，便都是父母的教训，这便叫做家庭教育。

看官须记清，我中国古时的人，都是受过家庭教育来的了。看官要晓得，这家庭教育最重要的便是母亲。因为做父亲的，断不能不出外干事，断不能常常住在家中，所以这教儿子的事情，便是那做母亲的专责了。古时的人把娶妻的事情看得极重，女子教育还不致十分抛却。又把儿子看得极重，以为做父母的身后一切责任都靠儿子，所以这家庭教育十分发达。只可怜一天不如一天，一朝不如一朝，女子的教育一日不如一日，家庭教育便一日衰似一日了。做母亲的把儿子看做宝贝一般，一些也不敢得罪，吃要吃得好，穿要穿得好，做了极狡猾极凶极恶的事情，做母亲的还要说这是我儿子的才干呢。这样的事情，把做儿子的纵容得无法无天，什么事都会干出来。有时候父亲看了不过意，说他几句，骂他几声，做母亲的还要偏护着儿子，种种替他遮掩。唉！这便是中国国民愚到这样地位的原因。这个问题，要再不改良，我们中国的人，要都变作蠢蠢的牛马了。

现在要改良家庭教育，第一步便要开广［办］女学堂。为什么呢？因为列位看官中，听了兄弟的话，或者有人回去要办起家庭教育来了。但是列位府上的嫂子们，未必个个都会懂得，列位要说改良，他们仍旧照老规矩，极力纵容，极力遮掩，列位又怎样奈何他呢?“所以兄弟的意思，很想多开些女学堂。列位要晓得，这女学堂便是制造好母亲的大制造厂。列位要想得好儿子，便要兴家庭教育；要兴家庭教育，便要大开女学堂。列位万不可不留意于此呵。

开女学堂的办法，或者有什么地方办个到，所以兄弟很巴望列位看官个个回去，劝劝你们的嫂子们，说儿子是一定要教训的，儿子不教训，弄坏了，将来你们老了，倚靠何人。总而言之，这家庭教育在如今，格外要紧，格外不能不办。兄弟是从来不说玩话的呵！

“我的儿子”*

我要我的儿子做一个堂堂的人，不要做我的孝顺儿子。……“一个堂堂的人”决不致于做打爹骂娘的事，决不致于对他的父母毫无感情。

“父母于子无恩”的话，从王充、孔融以来，也很久了。从前有人说我曾提倡这话，我实在不能承认。直到今年我自己生了一个儿子，我才想到这个问题上去。我想这个孩子自己并不曾自由主张要生在我家，我们做父母的不曾得他的同意，就糊里糊涂的给了他一条生命。况且我们也并不曾有意送给他这条生命。我们既无意，如何能居功？如何能自以为有恩于他？他既无意求生，我们生了他，我们对他只有抱歉，更不能“市恩”了。我们糊里糊涂的替社会上添了一个人，这个人将来一生的苦乐祸福，这个人将来在社会上的功罪，我们应该负一部分的责任。说得偏激一点，我们生一个儿子，就好比替他种下了祸根，又替社会种下了祸根。他也许养成坏习惯，做一个短命浪子；他也许更堕落下去，做一个军阀派的走狗。所以我们“教他养他”，只是我们自己减轻罪过的法子，只是我们种下祸

* 本文原为胡适答汪长禄先生来信（汪信附后）。原载1919年8月10日至17日《每日评论》第34、35号。选自《胡适全集》第1卷，安徽教育出版社2003年版。

？因为儿子孝顺父母，也是做

、“爱群”等等是同样重要的。旧时

”字里面，诚然流弊百出。但一定要把

做人事业范围以外，好像人做了孝子，便不

换一句话，就是人若要做一个堂堂的人，便非

孝之子不可。总而言之，先生把“孝”字看得与

反的地位。我以为“孝”字虽然没有“万能”的

得上和那做人的信条凑在一起，何必如此“雷厉风

驱逐出境”呢？

个地方谈起北京的新思潮，便联想到先生个人身上。

贵同乡，当时插嘴说道：“现在一般人都把胡适之看做

，其实适之这个人旧道德并不坏。”说罢，并且引起事

然是很相信的。照这位贵同乡的说话推测起来，先生平

当然不肯做那“孝”字反面的行为，是决无疑义了。我怕

底浅薄的青年，动辄抄袭名人一两句话，敢于扯起幌子，

惮”起来。打个比方，有人昨天看见《每周评论》上先生

也便可以说道：“胡先生教我做一个堂堂的人，万不可做父

儿子。”久而久之，社会上布满了这种议论。那么任凭父母

我以至于死，却可以不去管他了。我也知道先生的本意无非看

家庭过于“束缚驰骤”，急急地要替他调换空气，不知不觉言之

那也难怪。从前朱晦庵说得好，“教学者如扶醉人”，现在的中

真算是大多数醉倒了。先生可怜他们，当下告奋勇，使一股大劲，

从东边扶起。我怕是用力太猛，保不住又要跌向西边去，那不是

有扶起一样吗？万一不幸，连性命都要送掉，那又向谁叫冤呢？

根之后自己补过弥缝的法子。这可以说是恩典吗？

我所说的，是从做父母的一方面设想的，是从我个人对于我自己的儿子设想的，所以我的题目是《我的儿子》。我的意思是要我这个儿子晓得我对他只有抱歉，决不居功，决不市恩。至于我的儿子将来怎样待我，那是他自己的事。我决不期望他报答我的恩，因为我已宣言无恩于他。

先生说我把一般做儿子的抬举起来，看做一个“白吃不还账”的主顾。这是先生误会我的地方。我的意思恰同这个相反。我想把一般做父母的抬高起来，叫他们不要把自己看做一个“放高利债”的债主。

先生又怪我把“孝”字驱逐出境。我要问先生，现在“孝子”两个字究竟还有什么意义？现在的人死了父母都称“孝子”。孝子就是居父母丧的儿子（古书称为“主人”），无论怎样忤逆不孝的人，一穿上麻衣，戴上高梁冠，拿着哭丧棒，人家就称他做“孝子”。

我的意思以为古人把一切做人的道理都包在孝字里，故战阵无勇，莅官不敬，等等都是不孝。这种学说，先生也承认他流弊百出。所以我要我的儿子做一个堂堂的人，不要他做我的孝顺儿子。我的意想以为“一个堂堂的人”决不致于做打爹骂娘的事，决不致于对他的父母毫无感情。

但是我不赞成把“儿子孝顺父母”列为一种“信条”。易卜生的《群鬼》里有一段话很可研究：(《新潮》第 5 号页 851）

孟代牧师　你忘了没有，一个孩子应该爱敬他的父母？

阿尔文夫人　我们不要讲得这样宽泛。应该说：“欧士华应该爱敬阿尔文先生（欧士华之父）吗！”

这是说，“一个孩子应该爱敬他的父母”是耶教一种信条，但是有时未必适用。即如阿尔文一生纵淫，死于花柳毒，还把遗毒传给他的儿子欧士华，后来欧士华毒发而死。请问欧士华应该孝顺阿尔文吗？若照中国古代的伦理观念自然不成问题。但是在今日可不能不成问题了。假如我染着花柳毒，生下儿子又聋又瞎，终身残废，他应该爱敬我吗？又假如我把我的儿子应得的遗产都拿去赌输了，使他衣食不能完全，教育不能得着，他应该爱敬我吗？又假如我卖国卖主义，做了一国一世的大罪人，他应该爱敬我吗？

至于先生说的，恐怕有人扯起幌子，说，“胡先生教我做一个堂堂的人，万不可做父母的孝顺儿子。”这是他自己错了。我的诗是发表我生平第一次做老子的感想，我并不曾教训人家的儿子！

总之，我只说了我自己承认对儿子无恩，至于儿子将来对我作何感想，那是他自己的事，我不管了。

附：

汪长禄先生来信

昨天上午我同太虚和尚访问先生，谈起许多佛教历史和宗派的话，耽搁了一点多钟的工夫，几乎超过先生平日见客时间的规则五倍以上，实在抱歉的很。后来我和大虚匆匆出门，各自分途去了。晚边［上］回寓，我在桌子上偶然翻到最近《每周评论》的文艺那一栏，上面题目是《我的儿子》四个字，下面署了一个“适”字，大约是先生做的。这种议论我从前在《新潮》、《新青年》各报上面已经领教多次，不过昨日因为见了先生，加上“叔度汪汪”的印象，

应该格

送给先生

大作

之于子当有

气。我且不

你，那是我对

面的说法。换一

既来了，你不能不

恩谊。”那么两方面

形的义务者，他一方

平心而论，旧时代的见

责任何等重大，为父母的

照先生的主张，竟把一般

账”的主顾，那又未不免太

现在我且丢却亲子的关系

朋友留我在他家里住上若干年，

学费，一直到我能够独立生活，他

愿，立心做个大施主，并不希望我

是这么拱拱手同他离开便算了吗？我

革，总比朋友较深一层。就是同朋友一

世，把我看做管仲一般，也不能够说“不

大作结尾说道：“我要你做一个堂堂的

子。”这话我倒并不十分反对。但是我以为

这么说：“我要你做一个堂堂的人，不单要你

什么要加上这一个字呢

和那“悌弟”、“信友

一切善行都归纳在“

字“驱逐出境”，划

够做一个堂堂的人

打定主意做一个不

做人的信条立在

本领，但总还够

行”硬要把他“

前月我在

有一位是先生

洪水猛兽一样

实为证。我

日对于父母

的是一般

便“肆无

的大作，

母的孝

老病冻

见旧式

太过

国人

把他

和

我很盼望先生有空闲的时候，再把那“我的父母”四个字做个题目，细细的想一番。把做儿子的对于父母应该怎样报答的话（我以为一方面做父母的儿子，同时在他方面仍不妨做社会上一个人），也得咏叹几句，“恰如分际”，“彼此兼顾”，那才免得发生许多流弊。

女子问题 *

我们以前从不将女子当做人：我们都以为她是父亲的女儿，以为她是丈夫的老婆，以为她是儿子的母亲；所以有“在家从父，出嫁从夫，夫死从子”的话，从来总不认为她是一个人！

人类有一种“半身不遂”的病，在中风之后，有一部分麻木不仁；这种人一半失了作用，是很可怜的。诸位！我们社会上也害了这“半身不遂”的病几千年了，我们是否应当加以研究？

世界人类分男女两部，习惯上对于男子很发展，对于女子却剥夺她的自由，不准她发展，这就是社会的“半身不遂”的病。社会有了“半身不遂”的病，当然不是健全的社会了。女子问题发生，给我们一种觉悟，不再牺牲一半人生的天才自由，让女子本来有的天才，享受应有的权利，和男子共同担任社会的担子；使男子成一个健全的人，女子也成一个健全的人！于是社会便成了一个健全的社会！

我们以前从不将女子当做人：我们都以为她是父亲的女儿，以为她是丈夫的老婆，以为她是儿子的母亲；所以有“在家从父，出

---

* 本文为胡适 1921 年 8 月 4 日在安庆青年会暑期讲演会的演讲辞，由张友鸾、陈东原记录，载于 1922 年 5 月 1 日《妇女杂志》第八卷第 5 号。选自《胡适全集》第 21 卷，安徽教育出版社 2003 年版。

嫁从夫，夫死从子”的话，从来总不认她是一个人！在历史上，只有孝女、贤女、烈女、贞女、节妇、慈母，却没有一个“女人”！诸位！在历史上也曾见过传记称女子是人的么？

研究女子教育是研究什么？——昔日提倡女子教育的，是提倡良妻贤母；须知道良妻贤母是“人”，无所谓“女子”的。女子愿做良妻贤母，便去做她的良妻贤母，假使女子不愿意做良妻贤母，依旧可以做她的人的。先定了这个目标，然后再说旁的。

女子问题可以分两部分讲：

（一）女子解放。

（二）女子改造。

解放一部分是消极的。解放中包含有与束缚对待的意思，所以是消极的。改造却是积极的。改造是研究如何使女子成为人，用何种方法使女子自由发展。

（一）女子解放。解放必定先有束缚。这有两种讲法：一是形体的，一是精神的。

先讲形体的解放。在从前男子拿玩物看待女子，女子便也以玩物自居；许多不自由的刑具，女子都取而加在自己身上，现在算是比较的少了。如缠足、穿耳朵、束胸……等等都是，可以算得形体上已解放了。这种不过谈女子解放中的初级。试问除了少数受过教育的女子而外，中国有多少女子不缠足？如果我们不能实行天足运动，我们就不配谈女子解放！——我来安庆的时候，所见的女子，大半是缠足；这可以用干涉、讲演种种方法禁止她们，我希望下次再来安庆的时候，见不着一个缠足女子！——再谈束胸，起初因为美观起见，并不问合卫生与否。我的一个朋友曾经对我说，假使个个女子都束胸，以后都不可以做人的母亲了！

次讲精神的解放。在解放上面，以精神解放最为重要。精神解放怎样讲？——就是几千年来，社会上男子用了许多方法压制女子，引诱女子，便是女子精神上的手镣脚铐。择几桩大的说：

第一，未讲之先，提出一个标准来，——标准就是“为什么？”——“女子不为后嗣”。中国古时候最重的是“有后”——女子不算——家中有财产，女儿不能承受；没有儿子的，一定去在弟兄的儿子中间找一个来承继受领。女子的不能为后嗣，大半为着经济缘故，所以应当从经济方面提倡独立。有一个人临死，分财产做三股，两个女儿得两股，一个侄子得一股，但是他的本家，还要打官司。这个观念如若不打破，对于经济，对于道德，都有极大的关系。还有“娶妾”。一个人年长了，没有儿子，大家便劝他娶妾，——就是他的夫人，也要劝他，不如此，人家便要说她不贤慧——请问这一种恶劣的行为，是从什么地方产生的？再进一步说，既然同认女子是个人，又何以不能承受财产，不能为后？——这是应当打破的邪说之一！

第二，“女子贞操问题”。何谓贞操？——贞操是因男女间感情浓厚，不愿意再及于第三者身上。依新道德讲，男女都应当守贞操，历史上沿习却不然，男子可以嫖，可以纳妾；女子既不可以和人家通奸，反要受种种的限制，大概拿牌坊引诱，使女子守一个无爱情没有见过面的人，一部分女子，因而被他们引诱了。如此的社会，实在是杀人不抵命的东西！贞操实是双方男女共有的。我从前说：“男子嫖婊了，与女子和人通奸，是有同等的罪！”所以，“男子叫女子守节，女子也可以叫男子守节！男子如果可以讨姨太太，女子也就可以娶姨老爷！”谢太傅——谢安——晚年想纳妾，但他却怕老婆。他的朋友劝他，说公例可以纳妾；他的夫人在里面应道：“婆例不可！”——历来都用惯了“公例”，未常实行“婆例”。这种虚伪的贞操，委实可以打破。再简单说：“贞操是根据爱情的，是双方的！男子可以不守节，女子也可以不守节！”

第三，“女子责在阃内说”。女子的职务，在家庭以内，这种学说也是捆女子的一根铁索，如果不打断，就难说到解放。有许多女子，足能够做学问，可以学美术、文学……，可以当教员……；有许多男子，只配抱孩子、煮饭的。有许多事，男子不能做而女子能做。如果不打破这种学说，只是养成良妻贤母，实在不行。我们要使女子发展天才，决不能叫她永远须在家里头。女子会抱孩子、煮饭，也只是女子中的一部分，女子决不全是会抱孩子、煮饭的；有天才的女子，却往往因为这个缘故，不得尽量的发展。就说女子不能做他种事业，但她们做教师便比男子好得多了。总结一句：我们不应当拿家里洗衣、煮饭、抱孩子许多事体来难女子。我们吃饭，可以吃一品香、海洞春厨子做的，衣服可以拿到洗衣厂里去洗！

第四，“防闲的道德论”。由古代相传，男子对女子总有怀疑的态度，总有防闲的道德。现在人对女子，依旧有这一种态度。我所说安庆讲演会里职员，有许多女子加入，便引起了社会上的非难。我将告诉他们：“防闲决不是道德！”如把鸟雀关在笼中，一放他便飞了；不然，一年两年的工夫，也就闷死了。当我在西洋的时候，见中国许多留学生，常常闹笑话，在交际场中，遇了女子和他接洽，他便以为有意。由此，我连带想起一件故事。某人的笔记上说：“有一个老和尚，养了一个小孩子，作为小和尚；老和尚对他防闲得利害，使他不知世故。某年，老和尚带这小和尚下山，小和尚一件东西也不认识，逢到东西，老和尚不等他问，便一一的告诉他，恰巧有个女子经过，老和尚恐怕他沾染红尘，便不和他说。小和尚就问，老和尚便扯道：这是吃人的老鬼。等到回山的时候，老和尚便问他下山一日，有所爱否？小和尚说，所爱的只是吃人的老鬼！”“防闲的道德，就是最不道德！”我国学生，何以多说是不道德？实是因为防闲太利害了，一遇到恶人，便要堕落！我希望以后要打破防闲的道德论！平心而论，完全自由，也有流弊，不过总不可因噎废食的。不要以一二人的堕落而及于全部。而且自由的流弊，决不是防闲所可免，若求自由无流弊，必定要再加些自由于上面；自由又自由，丝毫流弊都没有了！因为怕流弊而禁止自由，流弊必定更多，且更不自由了！社会上应存“容人的态度”，须知社会上决没有无流弊的。张小姐闹事，只是张小姐；李小姐闹事，只是李小姐；决不能因为一两人而及于全体的！愿再加解放许多自由，叫他们晓得所以，自然没有流弊了！

（二）女子改造。改造方面，比较简单些。解放是对外的要求；改造却是对内的要求，但也不完全靠自己的！

先说内部。女子本身的改造，无论女子本身或提倡女子问题的，都要认明白目标：第一，“自立的能力”。女子问题第一个要点，就在这问题。女子嫁人，总要攀高些，却不问自立。我觉女子要做人，须注意“自立”，假如女子不能自立，决不能够解放去奋斗的。第二，“独立的精神”。这个名词，是老生常谈，不过我说的是精神上，不怕社会压制；社会反对，也是要干的！像现在这种时代是很不容易谈解放的。不顾社会非难，可以独行其是。第三，“先驱者的责任”。做先锋的责任，在谈女子问题中是很重要的。我们一举一动，在社会上极受影响。先驱者的责任，只要知道公德，不要过问私德；一人如此，可以波及全体的。不要使我个人行为，在女子运动上加了一个污点！我最不相信道德，但为了这个起见，也不得不相信了！我常常说："当学生的，如其提倡废考，不如提倡严格考试；社交解放的先驱者，如提倡自由恋爱，不如提倡独身主义！"这是诸位要注意的！

敬告中国的女子 *

我有一句话，要向我们中国的女子说："你们要做一个好好的人呢？还是要做一种没用的废物呢？"

一

我们中国的人，从前都把那些女人当做男子的玩物一般，只要他容貌标致，装饰奇异，就是好女子。全不晓得叫那些女子读些有用的书，求些有用的学问。那些女子既不读书，自然不懂什么道理，既没有学问，自然凡事都靠了男人，自己一点也不能自立。因为这个缘故，所以我们中国虽有了四万万人，内中那没用的女人到居了二万万，那些男人赚来的钱，把去养这些女人，都还不够。我们中国如何不穷到这么地步呢？那些女人，既然没有本事，若是他们还读了些书，能够在家中教训儿女，到［倒］也罢了。不料他们听了一句什么"女子无才便是德"的放屁话，什么书也不去读。咳！我

* 本文原分为三部分，分别刊于 1906 年 10 月 1 日、11 日、21 日《竞业旬报》第 3、第 4、第 5 三期，署名"希彊"；文中以序号一、二、三标示。选自《胡适全集》第 21 卷，安徽教育出版社 2003 年版。收入本书时删去了文中的两篇附录《天足会放足的法子》、《蔡邕〈女训篇〉》。

们中国的女人，真真是一种的废物了。

我有一句话，要向我们中国的女子说：“你们要做一个好好的人呢？还是要做一种没用的废物呢？”我晓得你们一定回答我说：“我们又不是发痴，为什么自己要做废物呢？哈哈！你们要不做废物，却不是嘴边说说就可以做得到的，我如今且说几宗要紧的方法，请你［们］大家听听。

第一样不要缠足。我们中国女子缠足的风气，从来已经长久了。小女子小的时候，便把他双脚缠得紧紧的，后来越缠越小，便成了那三寸金莲尖如菱角的一双小脚。那小时缠足的苦处，我做白话的，说也说不完，好在你们都是受过这种苦处的过来人，也不用我仔细说了。至于你们肯受这种缠足的苦处，到也有几种说法，有些人说脚缠小了，走起路来，那一种娇娆的模样，甚是好看，所以要缠足的。咳！这些话真是大错，一个好好的人，大模大样的自由行走，何尝不好，为什么反要说那站也站不稳的假样子是好看呢？并且这缠脚的风俗，起于五代的时候，五代以前，唐朝汉朝周朝的女子，都不缠脚，难道这许多朝代，都没有美女么？如今大家都说西施是最标致的美女，那西施是周朝的人，她何尝缠足呢？可见得标致不标致和那缠足不缠足是不相干涉了。又有些人说，脚缠小了，行走不便，可以不会做那些丑事，所以要缠足的。哈哈！这些话更是不通，那些女子若是个个都懂了道理，自然不肯去做那不好的事，譬如古时那曹大家（汉朝的人）、木兰（南北朝的人）、缇萦（汉朝的人），那些贤德女子，那里是缠足［的］呢？再如那当婊子的，她们真是缠足的了，为什么还要做那些无耻的事呢？可见得那缠足不缠足，和那贤德不贤德更是不相干涉了。照这样看来，那缠足的风俗是没有一点好处，大约你们也都晓得了。如今且让我说几宗缠足的害处，给你们听听：

三寸金莲自古无，观音大士赤双趺。

不知裹足从何起，起自人间贱丈夫。

二

缠足的害处，也说不尽那么多，现在且说几宗最大的。

第一害身体。一个人对于爷娘生出来的好身体，正该去留心保护他，切莫使他有一点的坏处，这才是正大的道理。为什么反要去把一双好好的脚，包裹得紧紧的，使他坐立不稳血脉不行呢？列位要晓得一个人全靠那周身的血脉流通，方才能够使得身体强壮，那血脉若不行，自然身体一日弱似一日，那气力也便一些都没有了。若是那些身体强壮的，也还可以勉强支持，倘是那些身体素来不大强壮的女子，受了这种苦处，那身体便格外羸弱，到后来生男育女的时候，因为她的身体不好，那乳水便一定不多的。原来人家小孩子的身体气魄，都和他们爷娘的身体气魄很有关系，这些身体软弱的爷娘，怎么还能够养出身体强壮的儿女呢？所以中国人的身体，总和病人一般的，奄奄无生气，难怪外国人都叫我们是病夫国呵！可见得缠脚这一件事，是不但有害于自己的身体，而且有害于将来的子孙。咳！可怕呀！

第二做事不便。男子也是一个人，女子也是一个人，然而人家生了男子，便欢天喜地的快活，若是生了女孩，便骂他是赔钱货。咳！你们请想一想，这是为了什么缘故呢？岂不是因为男人将来会做些事业，所以喜欢他吗？岂不是因为女人不会做事，所以讨厌她吗？列位，请再想一想，男人为什么能够做事？女人为什么不能做呢？列位呵！这个缘故，虽然不止一端，但是照我看起来，缠脚这一件事，恐怕要算是最大的缘故了。做女人的，从五六岁的时候，就被那些没有人心的爷娘，把她的脚紧紧的包起来了，当那个时候，她们受那种苦处也还受不完，那里还有工夫来学做什么事呢？所以女子在这时候，只晓得缠小脚，并不晓得学别事，小的时候不肯学，到了老大的时候，就是要学也来不及了，何况她们从小因为小脚行走不便懒惰惯了的哩。因为这个缘故，所以中国的女子，几乎没有一个会做事的。咳！外国的女子，也有会做书的，也有会做教席的，都是能够自己过活。即如我们中国古时有个女子叫做木兰，她竟能自己代她的父亲出去打仗，立了大功。又有一个女子，叫做梁夫人，她竟能帮助她的男人，打败了金兀术。那些人和现在中国的女子，同是一样的，为什么那些人就那样有用，现在的女子为什么这样没用呢？这就是因为外国人和古时的人都不缠足，所以能够做这些事业，现在中国的女子都缠了足，所以便不能够去做事。咳！你们对了我们中国的古人和外国的女子，心里也觉得惭愧么？大凡女子缠了脚，不要说这些出兵打仗、做书、做报的大事情不能去做，就是那些烧茶、煮饭的、缝缝洗洗的小事情也未必人人能做的，咳！这岂不是真正的一种废物么。

缠小了脚，不会做事，你们大约都知道的了。不料这缠足还有一层大害处，因为女子缠了足行走不便，若在平时，也还可以勉强过日子，若是遇了什么祸事，那就是更苦了。譬如人家遇了火灾，或是遇了兵乱，那些缠脚女子，一定吃大亏的。就如上月香港有一只轮船叫做“汉口”，这船忽然起了大火，全船都烧去了，那些搭客，也烧死许多。其中惟有我们中国的缠脚女子，烧死的更多，几乎没有多个逃出来的，这就是缠脚的榜样了。又如数十年前，“长毛”起兵，那些逃难的女人，总多是因为缠了脚行走不便，被“长毛”杀了的，于今你们虽不知道，请你们去问问那些老辈，就晓得了。还有明朝末年的时候，有个张献忠，他在四川一带作乱，捉了几十名小脚女子，拿［把］她们的小脚都砍下来，堆成一座小小的小脚山。他有一个妾的脚，缠得顶小，张献忠就把它砍了下来，做了那小脚山的山顶，把火去烧，叫做点天烛。这都是缠足的“好”结果呵。

以上所说缠足的害处，虽然不十分完全，但是那“缠足是大有害处的”这一句话，大约列位是已经相信的了。如今我且再总结一句，敬告我们中国的女子，道：“你们若不情愿做废物，一定不可缠足，若缠了足，便是废物中的废物了。”所以这“不要缠脚”一件事，便是“不做废物”的第一层方法了。

三

第二样要读书。列位呀！我们中国不是有一句“女子无才便是德”的古语吗。这句话可不是说女子是不应该有才干的么？为什么我现在倒要女子读书呢？原来那“无才便是德”这句话，是很没有道理的。一个人一定要有才方能做事，无才便是一个废物了。就如汉朝有一位班昭，是最有名的才女，他的哥哥班固，做了一部《汉书》，没有做好就死了，后来班昭竟接续下去做成了这书，又做了一部《女诫》；又有一个女子，叫做缇萦，他的父亲犯了罪，亏得缇萦上了一本奏章救了他；唐朝陈邈的妻子郑氏，著一部《女孝经》；晋朝有一个谢道韫，会做诗赋又会辩驳；这都是有才的女子，难道他们有才使无德么？不过因为后来的女子，把这“才”字看得小了，他们以为会做几句诗，会看几部淫词小说就可以算得才女了，不知道这些事不但算不得什么“才”，而且有许多害处（**即如看淫词小说便有大害**），所以人家要说“女子无才便是德”的话。如今我所说的“才”字，却不是这么说法，请列位听我一一道来。

第一，大凡一个人年小的时候，知识没有充足，心思也没有一定，都是跟好学好跟坏便学坏的，所以小的时候，一定要受过顶好的教育，方才可以做一个完完全全的好人。若是从小受了那些野蛮的教育，到了长大的日子，便自己要学好也来不及了。俗话说得好“三岁定八十”。那真是不错的呀！外国的小儿，没有进学堂的时候，在家都要受他们父母的教训，这就叫做“家庭教育”。但是做父亲的，总不时时在家，所以这事便是做娘的责任了。我们中国人小的时候，做娘的多不能教训儿子，虽然也有些会教儿子的，但是他们没有读书，自然没有见识，所说的不过是那些“做官”、“中状元”、“赚钱”的话头，那能够教育什么人才呢？少时既不能教，大的时候还想做一个好人么？这都是因为女子不读书的缘故，所以女子一定要读书才能够懂得些正大道理，晓得些普通学问，道理和学问都懂得了，自然能够教出好儿女来。人家都想有好儿女，却不晓得教女子读书，好像农夫不去种田，倒想去收好谷，那能够想得到手呢？列位呀！女子读书，可不是很要紧的吗？

第二，大凡天下女子的心思比男子更细密，又没有那些应酬的劳苦，倘使他们肯用心去求学问，所成就的学问，一定比男子高些。

有可以求学问的资格，却自己糟蹋了，就使我们中国人愚到这般地步，岂不可惜吗？

第三，以上所说，多是读书的大用处，如今且说那些小事。就如乡村人家，买两担柴，记几笔账，看几封信，若是男子不在家，妇人不读书，那就不得不去求别人了，岂不是不便吗？这些小事也不会做，那还可以算得一个有用的人吗？真个是我所说的“废物”罢了。咳！读书可不要紧吗？

以上所说，我那“不要缠足”、“要读书”两件事也说完了，我的笔也枯了，手也疼了，也想赶快把我这篇白话做完结了，所以我如今且总结几句话告诉列位道：汉朝有个蔡邕做了一部《女训》。他说：“人的心思，和人的面孔一样，面孔不修饰，就龌龊了，心思不修饰，也就变坏了，人家女子都晓得把面孔装饰得好看，却不晓得修饰他的心思。咳！真是愚得很呀！”列位呀！这《女训》上所说的话，实在不错，现在的女子，只晓得梳头、缠足、搽胭抹粉，妆扮得好看，却不肯把这对镜梳头，忍痛裹足的工夫，用在读书里面，请你想想看不读书怎么能修饰心思呢？这都因为他们不晓得“修饰面孔”和“修饰心思”两件事谁轻谁重的缘故。我如今且说一件故事，就如《三国志》里面的诸葛亮，大约列位都晓得他是极有本事的了，然而他的妻子黄氏，面孔却奇丑无比，像一个夜叉一般，但是她的学问却很好，诸葛亮的本事，大半都是靠她的帮助的，后来诸葛亮出兵在外，她能教训他的儿子诸葛瞻也成了一个忠臣，可见得面貌好丑，是最不要紧的，只是学问却是不可少的。今日我们中国的女子，为什么情愿费了许多工夫，丢了最要紧的学问不去做，却要去做这些梳头、缠足、穿耳、搽粉的事呢？可不是那《女训》上说的愚人么？可不是我从前所说的废物么？所以我说中国的女子，若不情愿做废物，第一样便不要缠脚，第二样便要读书。若能照这两件事行去，我做报的人，便拍手大叫着："中国女界万岁！中国万岁！！中国未来的国民万岁！！！"再不絮絮烦烦的来说这些白话了。哈哈！

……